MIT校徽中的哲学家和工匠，代表思考与工程应用并重。

在校期间参加MIT救护车队，学会说服能力与领导艺术。

经过八年努力，终于在2017年取得MIT博士学位。

2010年参加D-Lab课程，到非洲的加纳学习研发连锁砖。运用连锁砖盖房，可降低水泥用量。图为我所制作的连锁砖样本。

加纳库马西市的建筑物都是用就地取材制成的黏土砖建造而成的，这种砖块成本很低。

找遍加纳的库马西市，就是找不到制作花生油压缩机的螺旋锥，只好请当地金属工以砂铸造法制作。先将螺旋锥样本放到砂箱里打印（左上图），接着将废金属熔化（右上图），最后把熔化后的金属倒入砂箱中（下图）。

2011年，MIT顾问团跟随肯尼亚志愿者参观贫民窟。

肯尼亚贫民窟都是烧木炭煮饭，但是木炭很贵，以致森林中处处可见砍树和制炭的痕迹。

森林深处经常可见违法的制炭工程。

我（右）和肯尼亚当地拾荒者检视垃圾中的有机废物，试图寻找可炭化的材料。

为了维护森林，采用农作废物来制炭。图为将玉米废物放入铁桶制的制炭反应炉中燃烧，使之炭化。

嘟嘟车是我们在肯尼亚蒙巴萨的交通工具。

经过无数次测试,终于造出符合肯尼亚和印度乡间需求的制炭反应炉。

2015年2月，终于在肯尼亚成立了名为Safi Organics的肥料公司，图为公司所制的活性炭肥料。

为了在肯尼亚推广制炭企业，我请了当地人帮忙打理，图为2015年新盖的工厂外观。

2014至2015年冬天的波士顿大雪。（图片来源：dheera.net/授权：CC-BY-SA4.0）

2013年4月爆发炸弹恐怖攻击，校警柯利尔因公殉职。图为坐落在校园内的柯利尔纪念碑。

麻省理工创新思考力

宫书尧 ◎ 著

北京时代华文书局

图书在版编目（CIP）数据

麻省理工创新思考力 / 宫书尧著. -- 北京：北京时代华文书局，2019.12
ISBN 978-7-5699-3292-8

Ⅰ. ①麻… Ⅱ. ①宫… Ⅲ. ①创造性思维－思维方法 Ⅳ. ① B804.4

中国版本图书馆 CIP 数据核字 (2019) 第 264108 号

北京市版权著作权合同登记号 字：01-2018-8820

中文简体版通过成都天鸢文化传播有限公司代理，经远流出版事业股份有限公司授权中国大陆独家出版发行，非经书面同意，不得以任何形式，任意重制转载。本著作限于中国大陆地区发行。

麻 省 理 工 创 新 思 考 力
Mashengligong Chuangxin Sikaoli

著　　者｜宫书尧
出 版 人｜陈　涛
策划编辑｜周海燕
责任编辑｜周海燕
封面设计｜天行健设计
版式设计｜王艾迪
责任印制｜刘　银

出版发行｜北京时代华文书局 http://www.bjsdsj.com.cn
　　　　　北京市东城区安定门外大街 136 号皇城国际大厦 A 座 8 楼
　　　　　邮编：100011　电话：010-64267955　64267677

印　　刷｜三河市兴博印务有限公司　0316-5166530
　　　　　（如发现印装质量问题，请与印刷厂联系调换）

开　　本｜710mm×1000mm　1/16　印　张｜15　彩插 8 页　字　数｜180 千字
版　　次｜2020 年 3 月第 1 版　　　　印　次｜2020 年 3 月第 1 次印刷
书　　号｜ISBN 978-7-5699-3292-8
定　　价｜49.00 元

版权所有，侵权必究

推荐序一
走出自己的道路

殷乃平（台湾政治大学金融学系教授）

《麻省理工创新思考力》一书为作者叙述他在麻省理工学院（下文简称为"MIT"）求学过程中的点点滴滴，文中凸显出MIT独特的校园文化、作者攻读博士学位期间所遭遇到的诸般问题与挫折，以及其功成名就、拥有数项专利、在非洲创立并投资两家公司的反省与感触。对许多正要到海外留学的朋友或返国的海归学子们而言，此书都值得一读。

拜读此书时，我顿时回想到数十年前独自赴美留学的景象。当时初抵陌生的地方，因时空互异所感受到的语言、习俗、社会文化的冲击，以及入学之后教学研究方式、学习环境与学习风气的不同，都对我这个新人产生了或大或小的影响。观察当时的学子，适应能力不足者多立即进入困境，但走出来的难道就真的成功了吗？

不同的校园有不同的学风，MIT开放自由的学术环境以及主导学术理论与实务创业结合，形成了一股不同于一般大学的风潮。至2017年，该校已有91位诺贝尔奖得主，同时在创业文化下，学生与校友的创业总值估计近两兆美元，超越世界第十一大经济体。无论在学术成就与社会贡献上，MIT都领先多数学校。

本书作者申请进入MIT生物工程博士班做的是细胞荧光染料研究，但是在MIT的环境下，第一学期结束就去乌干达当义工，研究滤水器技术，结果发现当地人并无此需求而失败。随后，他开始规划用低成本的连锁砖去加纳取代高价水泥砖，最后发现当地使用的是黏土砖，与设想差距极大而无成。但是他为尼日利亚缺电医院设计的手动离心机却成功了，得到发明奖。此外，他为救护车设计的冬季保温设施亦取得了专利。选修课程他选择去肯尼亚做民调，返回波士顿前，发现当地以木炭为主要能源，遂起意为发展中国家设计废物制炭以取代伐木。随后他参加MIT全球挑战竞赛得到学生创新竞赛奖，同时创业，成立Takachar公司以推广。

但是他的这些课外工作与实验室里的博士研究却相互冲突，导致被指导教授批评，同时他的指导教授又决定离开MIT去荷兰研究院任所长一职，迫使作者得做个人职业生涯规划，究竟何去何从？他决定继续经营Takachar并先取得硕士学位，再另寻出路。幸好后来在MIT找到新的指导教授，以制炭反应炉为博士论文题材，合二为一，方才解决。但是博士论文的制炭技术如缺乏新意将难以通过。在指导教授多次要求之下，一再修改，最后终于完成，制出机器样品，获得学位，并且取得柏克莱国家能源实验室的支持，认为该发明在欧美大型再生能源、生物燃料、化学合成等领域均适用。总之，作者前后花了近八年，才在MIT修成正果。

推荐序一 走出自己的道路

难怪MIT毕业纪念戒指后面印有"IHTFP",一般学生称之为"我恨透了这该死的地方"(I hate this fucking place.),但也有人将之美化为比较好听的说法——让人着迷的有趣恶作剧(interesting hacks to fascinate people)。不过,作者的经历颇为坎坷,也只有在MIT的环境中才能有这种故事。看完后不禁要问各位学子,求学的目的为何?只是拿一个学位吗?社会上许多高学位者是学非所用,可惜了!人生的道路很长,要走出自己的路来。

推荐序二
令人动容的求学与创业故事

郑涵睿（绿藤生机共同创办人，麻省理工斯隆管理学院MBA）

第一次见到宫书尧（下文称为"Kevin"），是在麻省理工的Development Ventures课堂，这是一堂探索如何利用创新与技术打造可规模化的商业模式、为世界带来正向改变的实践课程。他介绍自己是"热爱垃圾"的Kevin，同样来自台湾，与我分享他在非洲创业所遇到的挑战。

他的故事着实令人动容。

如同书中提到的："在MIT受教育，犹如从消防栓中饮水。"MIT的校训是拉丁文的Mens et Manus，意思是心和手，重视并鼓励学生探索、创新、创业，在现实世界中找到问题，并通过实践寻求解决问题的可能性，而MIT从不吝惜给予各种资源。对我而言，Kevin就是如此一位具代表性的MIT大男孩，勇敢、不自我设限，从MIT这个"消防栓"中充分掌握资源，一次又一次踏出自己的舒适圈。

推荐序二　令人动容的求学与创业故事

我永远记得，在2014年毕业前夕，一次与D.Ventures教授及Kevin在查尔斯河畔的 Muddy Charles 酒吧，喝着两美元一大壶的便宜啤酒，畅谈MIT校友如何通过科技、商业及彼此间的合作，解决世界上正在发生的棘手问题。那次会面给了我许多勇气。

回到台湾，我利用在MIT所学到的知识与取得的资源将绿藤打造成一个更理想的公司，而Kevin也将好朋友Moringa Connect介绍给我，通过合作从加纳引进公平贸易辣木油，让台湾地区成为打造全非洲最大有机辣木田的重要地区之一。

很幸运地，Kevin有着用中文书写日记的习惯，也因此我们可以一起通过Kevin，一起从他的第一人称视野，看看他在MIT八年间的故事与带来的启发。通过《麻省理工创新思考力》这本书，无论是莘莘学子或社会人士，相信都能从中获得满满的创新泉源。

推荐序三
相信自己是可行的

蔡鲲铭（厦门大学经济学院经济学博士）

我第一次见到书尧，是在我之前上班的银行办公室里。他暑假回家小住，听他侃侃而谈的是在普林斯顿大学的点点滴滴。再次听到有关他的消息时，他已进入麻省理工学院（MIT）攻读博士。我心里想着："好小子！胆量不小啊，敢进入世界上超级难念的顶尖学府。"

本人目前担任"张老师"基金会台北分事务所辅导委员会副主委，"张老师"是台湾地区本土化青少年辅导机构之一，成立即将满五十年，长期关怀生命失意、生活失去目标的年轻人。在MIT的岁月中淬炼出非凡成长历程的书尧，相对于我们经常面对坎坷失意的青少年，落差竟是如此巨大。《麻省理工创新思考力》这本描述书尧人生奋斗历程的书，非常值得用来鼓励时下的莘莘学子：生命的旅程分分秒秒都要细细品尝，事情的挫败、不顺遂都只是创造下一个机会的开始，只要努力奋战坚持不懈，等待适当的时机到来，必定能像书尧一样开花结果。

推荐序三　相信自己是可行的

他在书中提到一位陌生教授肯定他的一句话"我相信",亦可用来鼓励所有青年人,是的!我觉得可行,你可以。

本书是书尧在MIT八年的点点滴滴,有遇到转换跑道的危机,有彷徨无依的恐惧,以及为了实践心中的使命而奋斗不懈的小故事,有血有泪,不乏成功的愉悦,更有挫折的心酸,读来有如身临其境,起承转合间融入其中,共同分享他的喜怒哀乐,体验他在MIT的人生教育历程,令人手不释卷。其中,为了实践自我理念锲而不舍地去争取机会、去寻求奥援,以及如何在绝处寻求机会、克服困难、昂首阔步,值得读者们一窥究竟。

MIT的人生教育真是海纳百川,也让我见识到它的"消防栓"确实非同凡响,将一切不可能化为可能,深感佩服!

推荐序四
看见MIT的精髓

刘嘉睿（台湾大学生物科技研究所教授兼所长）

麻省理工学院（Massachusetts Institute of Technology, MIT），一所享誉世界的研究型大学，这里的师生校友包括了九十一位诺贝尔奖得主、六位菲尔兹奖（Fields Medal）得主、二十五位图灵奖（Turing Award）得主，被公认为当今世界上最顶尖的高等教育机构之一。

多少人梦寐以求想进入MIT求学而无法如愿，但通过《麻省理工创新思考力》作者生动的描述，不仅可以使人一窥MIT的堂奥，更让人仿佛身临其境般跟随作者的脚步，一路从懵懂的新生淬炼为成熟的创业家。本书不仅诉说着一个笑泪交织的成长与奋斗故事，更深刻地描述着MIT的精神与灵魂。

"那个可以使我登峰造极的能力，其实一直存在我的内心深处，而MIT却通过不同的方法或渠道帮助我发掘它，把它从心底深处激发出来。"这就是MIT让人脱胎换骨的方法，没有惊奇的魔法让人在一夕之间

推荐序四　看见MIT的精髓

从麻雀变凤凰，而是通过鼓励学生"探索、创新、创业"，扎实地教导学生如何在真实世界中发掘问题与机会、提出解决方案，进而创造出新的机会，一步一步踏上创业家之路。

"要在现今这个多变的社会闯出一片天，这无疑是最重要的本领了。"作者在MIT经历漫长的八年才淬炼出这样的本领，但是读完这本书，即使没有进入MIT，也能够学得它最深奥的精髓。让我们一起跟着作者探索坦然面对失败，再从失败中学习，终而迈向成功的创业家之路！

推荐序五
坚持理想的标杆

戴宏全（宏全国际集团董事长）

这又是一位在异乡发光发热的台湾之子的求学奋斗成功的例子。

我与宫书尧的父亲认识多年，偶尔在聚会中，会与他聊及书尧在加拿大及美国求学生活的点滴，间接了解到他是个品学兼优、才华洋溢的青年。直到两年前参加了书尧的婚礼，以及最近拜读了书尧的《麻省理工创新思考力》后，才对他攻读MIT博士八年的教育过程及其人生经验有了完全不同的认识及感触。

MIT过去给人的印象，像一座高不可攀、与世隔绝的学术象牙塔，通过书尧生动活泼、翔实叙述其个人宝贵的求学经验，读者能够从字里行间领悟到MIT培育独特人才的教育环境，其跟科技未来发展脉动紧密接轨、和解决人类的需求与时并进。就像本书的《前言》所言："在MIT受教育，犹如从消防栓中饮水。"研究生可以尽情享用MIT取之不尽的丰富资源，犹如取饮消防栓中用之不竭的水源。

推荐序五　坚持理想的标杆

MIT的精实工程教育着重于作者所提的三个主轴——"探索、创新、创业"，当研究生发现一个真实世界的需求，就能面对问题手脑并用，并且脚踏实地地研发改善产品，甚至能够突破创新。解决现实世界面临的问题，才算是一位真正优秀的工程师及创业者，而非不食人间烟火的高人！这也是MIT校徽所寓意的兼工匠及哲学家于一身的用意，其传授给学生如何在21世纪生存的法则。

本书令人印象深刻的是MIT的实务课程D-Lab，即运用适用的科学技术（appropriate technology），在发展中国家做实际应用的工程。D-Lab的核心在于"发展、设计、创业"，首要目标是探索与学习，通过和当地人的对话，找出真正的问题及解决方法。

书尧多次参与MIT全球挑战竞赛（IDEAS Global Challenge Competition），这是针对公共服务的创新，在MIT学生间举行的年度激烈竞赛中，他和所在的团队每次都能脱颖而出，得了三次大奖。书尧就学期间远赴非洲的乌干达、肯尼亚、加纳和印度的偏远地区，在乌干达做太阳能炉及沙滤水器，在加纳做乐高积木型的连锁泥砖，在尼日利亚做出手动离心机。在繁忙的学期中，他更参加了MIT救护车队，开发高CP值（性价比）的车内温控系统。

在商学院的行动学习方案课程（Action Learning）中，他也担任斯隆的顾问团成员，进入肯尼亚奈洛比贫民窟的诊所面谈搜集资料，并在乡村建盖简易洗澡间。后来洗澡间造就了肯尼亚一间颇有名气的厕所公司Sanergy，是一个获得商业化经营的成功案例。书尧在MIT必须克服诸多研习挫折及挑战，这是一段让人感到奇特及艰辛的求学历程！

而他攻读MIT博士学位并非一路顺遂，历经了指导教授的更替及研究主题的选择，身心承受了高度竞争的同侪压力和彷徨辛苦的逆境过程。他在章节里的真情叙述，读来令人心情也随之起伏，感同身受。书尧在研修艾米教授的D-Lab课程的过程中，多次到肯尼亚研究废弃物制炭的技术，开始把创新及创业结合，最终发展出博士论文的研究主题。历经了千辛万苦，他终于获得MIT博士学位，并赢得印度Tata集团的资助及合作，持续开发商用型的炭化反应炉。这个独步全球、衔接地气的技术，将能解决许多发展中国家的能源需求及环保再生的迫切问题，未来可用及再生能源的发展必定潜力无穷。

放诸天下，子女教育的成功，父母的态度与想法是一大关键。尤其我们在东方传统的文化影响下，让子女为了学业研究而去非洲及亚洲第三世界国家实习、受苦受难，其实是需要妥协及勇气的。书尧本人能坚持理想，不畏艰辛而甘之如饴，并且获得家庭成员的支持，实在令人敬佩激赏。

书尧是个文质彬彬、知书达理的年轻人，有颗让人感受到无限热情、关怀社会的壮志雄心。他的海外求学生涯奠定了他坚忍不拔、刚毅求真的性格，这值得现代年轻人学习与效仿。仅在此祝福他现正勤力以赴的博士后志业——在加州柏克莱国家能源实验室（Lawrence Berkeley Laboratory）的Cyclotron Road计划——能为再生能源、生物燃料及化学合成等产业的发展做出贡献。

衷心期待书尧百尺竿头，更进一步，造福人群，成为未来的台湾之光！

目录

推荐文一　走出自己的道路／殷乃平　001
推荐文二　令人动容的求学与创业故事／郑涵睿　004
推荐文三　相信自己是可行的／蔡锟铭　006
推荐文四　看见MIT的精髓／刘嘉睿　008
推荐文五　坚持理想的标杆／戴宏全　010

前言　MIT百年经典名言——从消防栓中饮水　001

PART 1　基础及探索

第一章　没错！我属于MIT　003
第二章　和实验室谈恋爱　013
第三章　乌干达，我来了！　022
第四章　D-Lab三部曲：发展、设计、创业　034
第五章　和救护车队学领导　043
第六章　简单设计不简单　053
第七章　商业顾问初体验　066

PART 2
危机及转型

第八章　博士生"中年危机"　077

第九章　木炭情缘　085

第十章　挑战创业　096

第十一章　脱胎换骨　103

第十二章　豁然开朗　111

第十三章　创业维艰　118

第十四章　九输一赢的坚持　130

PART 3
创业及论文

第十五章　肯尼亚总裁拍板定案　149

第十六章　砍掉，重练基本科学定律　158

第十七章　放手转型　168

第十八章　破解"鲁蛇"心态　179

第十九章　火烧机器　188

第二十章　登高必自卑　195

第二十一章　IHTFP　202

结语　全新的开始　212

致谢　217

前言
MIT百年经典名言——从消防栓中饮水

MIT有个传说，大约在三十年前，一群学生在期末考试期间做了恶作剧，把考场外面的饮水器连接到一个消防栓上。这个恶作剧的灵感来自更古老的MIT经典名言："在MIT受教育，犹如从消防栓中饮水。"

2009年9月，我在接受MIT的新生训练时，一位学长嘴角带着微笑，跟我们讲的第一句话就是这句名言。

可能是初生牛犊不怕虎，那时我心中只觉得好奇：美国高等学府的教育，例如MIT，会是一种什么样的体验？

我刚进MIT时，以为"消防栓中饮水"这句话代表的是一种高压、填鸭式的工程教育，功课和考试都很多，学生每天都必须挑灯夜战。在大学念物理系时，我就是这样一路走过来的，所以对此早就习以为常。

资源丰富，多元体验

但我从MIT研究所毕业时，发现研究生生活和之前的大学生活截然不同,并没有每天被逼着念书。然而"消防栓中饮水"这话代表的却是另一种涵义:MIT各种不同的资源实在太丰富了。MIT没有逼迫学生做什么,而是不管学生想学什么,MIT几乎都可以支援。我主修的生物工程系有将近六十位教授,有着五花八门的研究兴趣和领域。若在本科系没有找到感兴趣的研究,有些科系在适当的条件下,也会允许学生去该科系找研究导师。

而在看待学生的研究上,大部分的教授都是鼓励学生探索自己的兴趣。有很多教授会带业界的合作伙伴来,和学生讨论一些让业界十分头痛的工程问题,看学生有没有兴趣作为论文研究。教授们和学生们发明新的解决方法之后,也常常会并肩创业,使其发明商业化。而我走的路比较不同,是在创业中找到一个值得作为我的博士研究的问题,MIT也尽可能在此过程中支持我。因此,我的研究从一开始便是一个业界实务和理论之间的对话。

这种多元化及实务性并不限于所投入的研究项目,还包含研究以外的活动。例如今天若想尝试当管理顾问,便可和商学院的学生组队,实地帮助开业诊所扩展他们的业务;明天若想开救护车,可以报考MIT救护车队,还可亲自改进救护车上的设备;后天若想去非洲创业,MIT有钱赞助,可将所做的事情发表在刊物上。上述这些事情都是我的亲身经历。

MIT以创新和理工闻名于世,因此很多人可能以为它成功的原因就是课堂上十分注重复杂的理论。但我发现这并非主因,从以上几个例子看来,我认为MIT教育的重点是鼓励学生将现实生活作为起点。

与现实生活接轨

在真实世界里,MIT的学生学会聆听各种不同的声音,常常在过程中发掘一些值得解决的问题。当学生发现真实世界的需求,并针对问题加以研发改善时,MIT的工程教育便具意义,因为工程的初衷就是为了解决现实世界的问题。许多时候,学生处在与真实世界脱轨的情况下,他们凭着想象、投入无数心血后所设计出来的创新,最多也只是自己空欢喜一场,实质并未成功解决任何问题。

然而,当学生针对一个真实问题做出工程设计时,做出来的不只是创新,更可能促进世界的进步与改变。因此这些年来,我就看到许多来自各国的学生,入学时只对某些方向有兴趣,但MIT凭借其强大资源,激发出他们潜在的创造力和潜能,教导他们如何领导自己和他人实现梦想,同时帮助解决世界上不同的危机及挑战。

我也看到许多新生刚入学时,绝大部分没有创业兴趣或相关经验,但毕业时,至少有一大半以上的学生都尝试过或至少认真思考过创业,百年传承下来,已在美国和全球造就了三万多家公司,如英特尔(Intel)、德州仪器(Texas Instruments)、基因泰克(Genetech)、Dropbox等。根据最近的调查,由MIT所衍生出来的公司总盈余相当于全球第十大经济体的国内生产总值(提供四百六十万名员工就业机会)。[①]

---

① 参见 http://web.mit.edu/innovate/entrepreneurship2015.pdf。

我认为这就是MIT教育的非凡之处。所谓"消防栓中饮水",指的并不是MIT为学生提供了什么魔术配方,而是它重视且鼓励学生努力探索、创新与创业,始终如一地坚持这个理念,并竭力实践。

可是,这种教育理念对学生有什么帮助呢?

在20世纪,有些人受教育的目的是要得到足够的技能,以便将来找一份铁饭碗工作,稳稳当当过一生。到了21世纪,这样的工作依旧存在,但随着时代更迭,整个职场已出现重大变化,要谋得一份可以终老的职业愈来愈困难。现在,我们必须更积极地为自己的生涯做规划,为自己找到合适的机会。

MIT这个"探索、创新、创业"三部曲,就是教会学生如何在真实世界中找到适合自己的机会,并提供解决方案,甚至创造出新的机会。要在现今这个多变的社会能闯出一片天,这无疑是最重要的生存技能了。

全方位激发潜能

我有办法证明以上所说的一切吗?

我不是社会学家,也没有拿MIT与其他学校毕业生加以比较,所以本书的目的不是要以科学方法来证明MIT教育的特点。经历八年MIT博士教育洗礼,我想要借由本书分享我在MIT的发展和学习过程,让大家了解这所学校的文化及其独特的教育方式。

刚入学MIT时,我只是个懵懂的纯理论科系学生,只会解方程式,没有任何实务工作经验,对创业及管理毫无兴趣,对工程设计也一无所知,不知道自己将来要做什么。但我心想,既然MIT录取了我,花个几年时间去念一个博士学位应该不会出错吧?!到我毕业时,我已经徒手打造了自己管理的实验室和测试仪器,在美国申请了三项发明的暂时专利,并在东非的肯尼亚帮忙创立、投资了两家公司。在此过程中我和各种不同的人打交道,从街头的拾荒者到政府高层的内阁秘书长,这是我当初入学时完全意想不到的一段人生旅程!

刚进MIT时,除了欧美几国,我对于其他国家的发展几乎懵懂无知。然而MIT把我送到了非洲、印度等地去和当地机构往来,建立长久的合作关系。除了微积分和机械设计,我也学会了粗浅的史瓦希利文和印地语。

刚进MIT时,我对自己十分没自信,除了知道自己是乖宝宝型的书呆子,就是认为自己是个不会交朋友、没有领导能力、做事优柔寡断的人。这或许与我早年在台湾接受的教育模式有关,我对于长者和教授都十分恭敬,认为他们有一切的答案,因此我只要遵从他们的建议、争取他们的赞同,那么凡事都能一帆风顺,也可以使自己登峰造极。但毕业时,我发现那个可以使我登峰造极的能力,其实一直存在我的内心深处,而MIT却通过不同的方法或渠道帮助我发掘它,把它从我心底深处激发出来,只是最后的成败得由自己承担。

此外,刚进MIT时,我只是个二十出头的天真年轻人,怀有雄心壮志。我一直以为,尽量让自己在MIT的"消防栓"中畅饮不同的机会,让自己的人生五彩缤纷,便是达到成功的不二法门。可是我始终不了解的是，我如果不能制订明确的人生目标，只是一味地跟着这些机会随波逐流，那么数年下来，这些经验终究只是一场梦，对于自己的人生我仍十分茫然，也不见得快乐。从MIT毕业后，我发现从消防栓中喝水的秘诀不是胃容量要够大，也不是吞咽要够快，而是在浩大的水流中学会拒绝其中可能是一生只有一次的经验，只选择其中一小部分细细品尝，犹如弱水三千，只取一瓢饮之。我发现，尽管这一瓢水再小，它仍包含了整个宇宙的美。而在追溯及揣摩它的过程中，我体验到的是宇宙中所有能体会到的经验。

因此，本书不是一本传授如何考进MIT的教学手册，也不是专门介绍MIT课程及研究方案的指南，而是一篇篇记录我在MIT的博士生涯以对照美国高等教育的经验。前半段探索MIT如何提供学生多元化的资源、机会和人脉，在传授学术理论教育的同时，也给予学生充分的机会从现实生活中累积实践经验，在错误中学习；后半段讨论MIT如何运用这些资源，让我借由不同的错误及危机来激发自己的潜力，从而发现、了解自己的使命，并且在现实生活中实践这个使命，打造目前所拥有的事业。

这本书讲的是我在MIT的故事，而它说的也正是MIT的灵魂。

基础及探索 PART 1

第一章

没错！我属于MIT

MIT给我的第一印象，是它有一点丑！大部分的旅行团是搭豪华巴士在MIT正门口下车，让游客拍照，他们的第一眼是MIT宏伟壮观的前门。但我不是。

我是个穷光蛋博士研究生，一个月的薪资（2009年9月）是两千四百多美元（约合人民币一万六千元）。虽然看起来不少，但光是宿舍房租就占了我税后薪水一半左右，膳食等生活费又占了约四分之一，唯一的好处是不用自己付学费。

心中的质疑

2009年9月，我从机场拖着行李来到MIT，坐的不是豪华巴士或出租车，而是地铁，下车站是肯德尔广场（Kendall Square）。从地铁出来，首先映入眼帘的MIT校景不是它的正面，而是它的后背。

如今，在我毕业后的2017年，肯德尔广场已经大幅翻新，但在八年前，广场旁边大多是生物实验室，我就读的生物工程系也坐落其中。一栋栋六七层高的大楼，屋顶上方矗立着一丛丛实验室通风柜的烟囱。虽然看起来满新的，但格子状的建筑完全激不起我的兴奋感，外观看起来和别的办公大楼毫无差别，也没有什么MIT的特殊标志。一开始我还以为下错了地铁站，心想难道这就是我未来几年的家吗？

走了一阵子，史塔特（Stata）研究中心迎面而立。这是一栋十分古怪的建筑物，用红砖及铁皮所搭建成的九层双塔，仿佛被巨大机器人的怪手挤压得歪歪扭扭。楼内有弯曲的走道和办公室，即便我后来在MIT生活了八年之久，若要到一楼以上的办公室和别人碰面，有时仍会迷路。2009年初秋，站在阳光灿烂的蓝天之下，铁皮反射的阳光使我无法直视眼前的建筑物，但我仍可感受到它不受拘束的独特风格。

它的复杂程度，就如里面的工程师所设计的复杂反应炉或机器人，我看了好几分钟，却总是看不懂它。忽然，我心中冒出了一个疑问：我来MIT的选择是对的吗？工程对我来说会不会太复杂了？

在此之前，我从未有过这样的疑问。当初我拿到MIT生物工程系博士班的录取函时，只觉得兴奋无比，家人朋友也和我一样雀跃。整个暑假我都在搜寻有关这间学府的资料，非常期待入学。可是当这一刻真的来临时，我反而感到有些迟疑。我大学念的是物理系，对于工程的接触少之又少，为什么会异想天开来申请MIT读工程呢？

说实话，我对于工程没有太多了解，若问我当时为什么要攻读博士学位，恐怕我连这个问题也给不出一个确切理由。我可能会说，是因为大学的朋友都申请博士班，或因为我觉得工程对以后的生涯规划而言可能很实用。不过事后看来，真正的原因其实是我当时不愿意承认的事实：害怕改变。我大学毕业后不敢到现实世界闯闯看，因此试图延续已熟悉的学生生活，才会懵懵懂懂进入MIT博士班。

就在质疑自己的同时，我的脑中也出现另一种声音：我是来这里学习工程的。所有我不会的，都有世界顶尖的专家可以教我。怕什么？顿时，我又恢复了原本的好奇心。

找到偶像

我上第一堂新生训练课，是在六楼的一间教室，从教室窗户往外看，正好就是史塔特研究中心。那天早上离九点还有十分钟，我是第一个来到那间空荡荡教室的学生。等了好一会儿，到了九点零一分还不见其他人来。我开始有点焦急，担心自己是不是第一堂课就走错教室。

这时进来一位亚裔人，我跟他点点头打招呼，他随即选择坐在我旁边。

"你是生物工程系的新生吗？"他问我。

"没错！我叫凯文（Kevin）。"我说。

"我叫查理（Charlie）。我也是新生。"他说。

我和他聊了几分钟，发现他是新加坡人。

这时，学生陆续进来了。原来MIT有个五分钟迟到的定律：九点的课，实际上是九点零五分才开始。果然，九点零五分整，一位老教授带着微笑走进来。短暂致词后，其他学长也来主持他们的新生训练活动。

新生训练活动说明了博士班学生的必修课和日常生活，最令人难忘的是一位刚毕业校友彼得（Peter）的致词。他描述生物工程系的博士生生活对他学术生涯的影响。他的博士论文课题是研发新的显微镜技术，其成果在著名的《自然》（Nature）及《科学》（Science）期刊先后发表，也在各报纸刊出，他获邀到世界各地发表成果。毕业后，目前在哈佛医学院做博士后研究，未来将申请教授职位。

我听了彼得的故事，非常崇拜他，迫不及待去搜寻他的网站。虽然我刚来到生物工程系，没有确切的生涯目标，但当我听了彼得的演讲后发现，我未来几年的目标就是要像他一样做出惊人的研究成果，不仅可以成名、周游各国，还能在名校找到稳定的终生教授职位。

无限长廊，预见无限机会

新生训练活动后，我已经结交了几个新朋友。由于我们还没参观过校园，一位学长带领我们去参观。我们下到一楼，沿着一条似乎没有尽头的室内长廊走了好久。

"这就是MIT有名的无限长廊了。"学长说，"从这长廊不用走出户外，就可以走到主校园内不同的大楼。在冬天暴风雪来临时，你会很感激它的存在！"

无限长廊上平日川流不息的都是成群的学生，他们叽叽喳喳地讨论着功课，或是研究进展，或是最新的电影。长廊两旁贴满了海报，象征MIT可以供应给我无限的机会。我试图浏览它们的内容。

"加入MIT乐团！试奏下周二开始。"这个看起来蛮有趣的。我爱弹琴也吹长笛。

"你想学会击退你的敌人吗？跆拳道俱乐部每周一三五晚。"我把时间记下了。我来MIT确实需要运动，可以考虑跆拳道。

"有任何想拯救世界的主意吗？申请MIT全球挑战竞赛。"抱歉，我还没有主意。

"你想赢得十万美元吗？"另一张海报写道。我当然想！"MIT创业竞赛十月开始接受报名。"这对我来说也太难了。

这时，前面桌上摆了两大盘意大利面及一大盘色拉。旁边有六七个学生争先恐后地去盛装食物。

"你看到的这个叫作免费食物。"学长一脸严肃地说，"MIT有许多学生都靠它来填饱肚子。如果你有多余的食物怕浪费，不用担心，把它拿到这里，保证五分钟一扫而空。"

"MIT不同活动的剩食，可以养活多少人啊？"我随意一问。

"我们可以先从系上一周会举办多少个演讲计算，再看看有哪些演讲会提供免费食物。然后我们可以估算一个代表性的活动会剩下多少公斤的食物……"有位同学已经开始想办法计算。

"你不用那么认真，我只是好奇问问而已。"我插嘴道。

"你要是在MIT开口问这类问题，"学长对我说，"就得面对这种状态。"

MIT泡沫

我们走出了无限长廊，绕到查尔斯河（Charles River）。"河对面的高楼就是波士顿市了。"学长说，"我们这里是剑桥市（Cambridge）。虽然波士顿近在咫尺，但我大概每三四个月才会过河到对岸去。MIT这里的活动太多了，忙到我懒得过河。它们就像一个个大泡泡把我们与世界隔离。"

"我觉得MIT比较像黑洞。"另一位学长用黑色幽默口吻说，"很多人一进来，就永远出不去了。"

我边听边暗自揣想着：自己会在这里待多久？

生物工程系的博士班平均研究年限是五年半。大部分新生都是大学毕业后直接入学，不需要先拿到硕士文凭。因此头两年有很多时间花在硕士的必修课程上，也必须帮教授教一堂大学课程。第一年有一个笔试，到了第三年则有一个口试。

上完前两年的必修课之后，博士生会在实验室做全职研究。除了论文的指导教授，每个博士生还会搭配一个三到四人的论文委员会。博士生每隔一年左右会和论文委员会成员齐聚讨论研究进展，进行三四次后，委员会可以从论文进度决定学生能否毕业。

当然，也有学生只花短短三年就顺利毕业，但也有几位是十年级的博士生。而我会落在这常态分布的哪个位置呢？

随后，学长带我们来到查尔斯河边，看到了MIT历史悠久的地标性建筑——麦克劳伦大圆顶（Maclaurin Building and Great Dome）。这栋白色古典风格建筑有十根高耸的圆柱牢牢地支撑着MIT白色圆顶地标，展现了对称、保守之美，和史塔特研究中心截然不同。麦克劳伦大圆顶似乎象征着工程与创新都必须建立在牢固的基础之上；映衬着清晨的阳光和蔚蓝的天空，这栋白色建筑物犹如从草地拔升而起，非常庄严而壮观。

"欢迎！"学长说，"你们属于MIT。"

"没错！"我心里附和着。无论未来多么艰难或未知，我已经做了决定，不能反悔了。现在，我可以很光荣骄傲地说："我属于MIT！"

○ 校园放大镜

免费食物

我尚未来到MIT时，已经在为波士顿的衣食住行烦恼。因为我没有车，不知道附近有没有超市。在课业忙碌之余，三餐要如何自理？所以在去MIT前的暑假，我还特地在台湾学习煮一些容易上手的简单菜色。爸妈也把一个大同电锅放进我的行李箱里。

到MIT之后我很快就发现，其实当地超市和餐厅很多，根本不会挨饿。而在MIT校园里，还有一种很独特的"免费食物"文化。

剩食不怕没有人要

不同的系所每天都会举办五花八门的讲座或会议，这些活动十之八九都会有免费食物供应。例如我读的生物工程系，一开始的每周二、四会请教授们来和一年级新生说明实验室的研究，每次都准备了不同的食物，例如比萨、饼干、墨西哥薄饼、地中海点心、印度料理……有时吃不完，就放回办公室的冰箱里，第二天还可以当午餐吃。

MIT有学生为此写了个程序，在每个系的网站上自动搜寻有免费食物的活动，每周整理贴文公布在一个网站上。MIT有三个电子邮件群组，包括"资源回收"（reuse）、"免费食物"（freefood）和"秃鹰"（vultures），当活动结束后剩下很多食物时，只要把地点发送到这三个群组，保证食物十分钟之内一扫而空。

甚至有学生一整年的三餐全靠免费食物供应，还开了一个博客把他的维生之道详细记录下来。

我有个朋友在MIT媒体实验室（Media Lab）工作，对于这个免费食物的文化很感兴趣，因此在他们实验室的公共厨房装了一台摄影机。每当有人把免费食物摆到公共厨房之后，她会去监测食物被一抢而空的情景，并予以计时（关于MIT媒体实验室对于免费食物的记录）。

她的研究结果发现，最快消失的食物是饼干和比萨之类，也就是可以用手拿起来直接吃的食物。水果（例如葡萄、草莓等）也十分热门。若是汤汤水水之类的食物，附近必须摆有盘子或杯子等容器（但也有人会自行携带餐盒）；如果没有容器，有人灵机一动，干脆把铝箔纸折成容器来盛装。而最不受欢迎的食物（最慢消失的），则是贝类、干果或生菜色拉这类食物。

在MIT，不用担心浪费食物

我到MIT的第一年担任学生宿舍舍监，负责承办活动。有一次举办了一个盛大的烤肉活动，但因为天气不好，来参加的人不多，最后剩下几百个正在退冰的肉饼。

我不想浪费食物，于是发出紧急e-mail，向"资源回收""免费食物"及"秃鹰"组求救，说我们宿舍有上百个在退冰的肉饼。

不到十分钟，就有一堆人回信。我邀了最先回信的人过来。她拿了两个大垃圾袋，把上百个肉饼全搬走了。虽然她也带走了很多面包，但仍剩下上百个。本来我打算丢掉，但直觉决定再等几天，至少面包比较不会像肉饼那样容易腐坏。

过了几天，那个人回信给我说："谢谢你们的肉饼！这两天我们宿舍的十几个学生，每天三餐都吃得饱饱的。"

"不客气，"我感到有些不可思议，回信说，"很高兴食物没有浪费掉。"

"你们还有面包吗？"她继续问。

我说还有。结果她又和朋友拿了大垃圾袋把剩余的所有面包都扛走了。

"这些我们可以抹上花生酱和果酱来吃。"她说。

"等到面包风干变硬之后，"她的朋友说，"还可以当作烤面包块掺在色拉里面一起吃。"

可以说，在MIT不用担心会浪费食物。

第二章
和实验室谈恋爱

"找实验室以及指导教授的过程,就像是和不同的实验室谈恋爱,你必须有一点技巧。"学长这样告诉我们,"你不一定第一次就谈成,因此得有一些候补名单。有时候,你喜欢的实验室刚好没钱资助你或是已额满,你必须多次尝试。如果某个实验室否决了你,不要认为是自己的失败。祝你们好运!"

当时我刚进入MIT生物工程系,和其他新生一样,正在找实验室及指导教授做博士论文。说实在的,比起功课或考试,选择指导教授是最让人焦虑的事。在生物工程系的学生休闲室里,墙上挂着一面白板,上面写了所有新生的名字。只要有新生和指导教授谈定了,新生名字旁边就会写上教授的名字。

随着时间流逝,还没写上教授名字的新生则愈来愈恐慌。

选错实验室,要分手很难

因为一开学课业繁忙,我入学后等了一个多月才开始找实验室。

我以前做过组织工程学（tissue engineering）的研究，感觉对这领域已经有一点经验了，可以用博士研究来更加深入。于是我在MIT的网站找到一些和这方面有关的教授，写电子邮件给他们，约定见面时间来细谈研究方向。

可能是我写信时机已晚，很多教授都没回信，一些则表示没兴趣或是没资金。后来，有位教授在看了我的履历后，邀我到他的实验室，请我针对先前做的研究做半小时简报。

"你这个荧光染料到底有什么了不起的地方？"一位博士后研究生在我讲毕之后，马上质疑我。

教授接着问："你追踪细胞的实验环境设计看起来十分牵强，不知道这对转译医学（translational medicine）有什么基础性的贡献？"我连"转译医学"是什么都不是很清楚，只好随便乱答一番。

接下来的一连串问题也问得我不停冒冷汗，让我觉得之前所做的研究恐怕引不起这个实验室的共鸣。这个实验室在看了我的履历也听了我的演讲后，似乎对我不感兴趣。

事后，教授来信说他的实验室近期没有这方面的研究资金可以录取我，但是如果我能申请到外部奖学金，可以再和他谈谈。虽然他还留着半敞开的门，但要我自己带钱进来，对我而言，这间实验室的门无异于已经关上了。

最后，有三位教授和我还算"情投意合"。

"这三位教授，我要怎么决定呢？"我问学长。

"你考虑的不该只有指导教授或是你的研究兴趣。你必须考虑到整个实验室的文化。"学长说,"你和实验室谈完恋爱后就要立刻结婚。这段婚姻起码长达五六年,想要离婚可说是非常困难的。"

我听了直冒冷汗。那时我还是个单身汉,对这些一点心得都没有。怎么第一次就要叫我和实验室玩真的?

为了做出决定,我又到这些教授的实验室和他们的学生详谈一番。最后,我发现:

·我对A教授的实验颇感兴趣,可是他的学生都叫苦连天,说压力很大。

·B教授的实验让我非常兴奋,但他是新来的教授,实验室也才刚成立不久,一个学生都没有。

·C教授的实验则让我感觉还可以。他已经有终生职位,实验室很大,约有二三十个学生,……看起来都蛮容易相处。

比较后,A教授马上就出局了。现在,我得在B教授和C教授之间做出艰难的抉择。B教授的实验方向让我大受鼓舞,但他的学术生涯和成就是一面空白的白板,我如果在他之下工作,得先帮他架设好实验室,才能做自己的研究。而我也不知道他的研究会不会得到外界的青睐。如果他在四五年间都没拿到终生职位而必须离开MIT,我岂不是惨哉?

另外,我也研究了B、C两位教授发表在期刊上的论文和数量。我发现C教授在《自然》及《科学》这些出名的期刊上发表的文章比B教授多,虽然我对C教授的研究不像我对B教授那般热衷,可是如果我希望像我的偶像彼得一样成名，与C教授共事可能更容易达成所愿。况且，C教授的实验室一切都已经架设好了，我只需要好好听他指点，大概就可以做出好的研究了。

最后，我选了C教授。在名誉和热情之间，我选择了名誉；在冒险和稳定之间，我选择了稳定。

这是我在MIT所做的第一个重要选择。往后几年，甚至到现在，我仍常想：如果当初选择了B教授，我在MIT的故事会是什么样子？哪些事情会改变？哪些事情不变？甚至会不会出现这本书？

既然我没有选择走这条路，如今再去多想也没有太大意义。然而往后几年发生的事，让我只能感叹世事无常：有些我以为会发生的事，从来没发生过；反而是我完全始料未及的事却发生了。当初看似稳定的实验室，过了几年后也可能变得动荡不安。

实验也会闹脾气，怎么办？

加入新老板的实验室之后，一开始我是和一位三年级博士生实习，她教我如何培养细胞、加入荧光染料及使用显微镜等。

我的老板是荷兰人，和我一样是物理科班出身。自从来到美国做博士后研究，他就一直待下来，兴趣也慢慢转为生物工程。2009年，实验室的研究主题是细胞的生长和行为。几年前，他和一位博士后研究生研发出一种荧光染料，用原位杂交的方式可以看见细胞里不同"信使"核糖核酸

（mRNA）的分布及数量：每个mRNA分子在显微镜下，就是一个如星星般的亮点。之后几年，很多博士生把这个荧光染料技术应用在不同的生物系统上，我则是应用到老鼠模型，观察老鼠的大肠细胞，研究大肠癌的初始情形。

这是一个生物实验室，为了拍摄并分析荧光染料在细胞里的分布情况，显微镜是不可缺少的仪器。实验室有五台显微镜，正好用五个"忍者神龟"的名字给每台取名。因为有二十几个学生排队等着用，因此大家在实验室里常常会为了使用权而讨价还价。

"我本来是预约拉斐尔的，"某同事说，"可是它坏了。你愿意把你周三的莱奥纳多和我周二的多纳泰罗交换吗？"

"我不喜欢多纳泰罗，但我愿意换你周六的米开朗基罗。"

每个人对"忍者神龟"都有不同的偏好。而我做了一段时间的实验，有了心得之后，我确定最喜欢的是莱奥纳多，通过莱奥纳多，我培养的细胞影像似乎显得格外清晰。可是，别人不见得同意。

这究竟是迷信还是科学上的不同，我现在无从考究。我发现，生物学的很多实验多少会有一些"黑箱作业"，这不仅限于显微镜的偏好，也发生在其他实验现象上。例如，一批原本很成功的实验有时会突然不灵了，花上一两个月去确认仍找不出原因。但忽然间，相同的实验又无预期地马上灵光了。这究竟是细胞的问题、化学药品的问题、恒温箱的问题、荧光染料的问题、显微镜的问题，还是天气的问题，常常无人能解答。

"这样实验一下灵、一下不灵，我要怎么做好科学研究啊？"我问学长。

"实验灵光时得赶快搜集数据,因为谁也无法预测什么时候实验又会突然不灵了。"学长耸耸肩说,"但是随着实验经验的累积,以后再出现不灵的时候,你也会多一些直觉,判断出大概是什么原因造成的。"

所以要成为一流的实验家,"直觉"是很重要的;正确的直觉可以省下很多徒劳无功的实验或测试。

第一年我因为忙着上必修课,真正花在实验室的时间并不多,大概每周十个小时,进度也有限。后来,我的研究工作渐渐安定下来,在实验室有了自己的办公桌,也有了自己的研究项目。到了第二年,我逐渐增加在实验室工作的时间。实验室成了我的第二个家。

以前,我常常在脑海中想象着,MIT的所有顶尖研究都是在一尘不染的高科技实验室里进行的,就像科幻电影里的一样。我初来乍到MIT,第一眼看到的是平凡无奇而且有点丑的建筑物,进入实验室后,发现这里的景观也同样平凡无奇。但习惯之后,在实验室里工作便成了我的日常生活之一,我必须承认,日复一日的实验工作有时是很枯燥乏味的。但每当想起彼得,我就会鞭策自己,只有更加努力,才可能做出驰名国际的成果。

有时候,我对能在MIT做研究就感到无比骄傲。例如,早上第一个进到实验室时,看着我和同事那熟悉又凌乱的实验桌台,突然有些无法置信:在这里,就在这个看似平凡的实验室,我是一位MIT博士生,做着世界非凡的研究!

虚惊一场，考"四十七分"高分

在MIT，第一年的研究生除了找实验室，每学期还要上三四门课程。生物实验系有三堂必修课及四堂选修课；三堂必修课中，一堂是教我们如何建构程序模拟，一堂是注重不同生物工程的实验技术，另一堂则是工程式的分析。除此之外，我也选修了系统生物、生物物理、生物材料及人类病理学。

MIT的工程教育是出名的难。班上通常有十分之一的学生是天才型，很快就完成功课和考试。剩下的学生大略分成两半：一半是花很多时间做功课及勉强跟上进度的，另一半则是花了很多时间却成效有限的。由于我在大学学的是物理，并没有很多生物方面的经验，我对于模拟及工程分析还能跟上进度，但要我硬背从没用过的生物实验技术，并灵活地运用于不同情况，这让我痛苦得很。

记得有一堂课，授课的是一位面容可亲的老教授。大考时，教授允许我们携带小抄，而且不限数量，也可以看课本。翻开考卷时，发现只有四题。每题看似寻常，却都有稀奇古怪之处。每一题才刚开始解，便绝望地卡住了，如此周而复始，让我直冒冷汗。一小时很快就过去，最后只成功解了半题。交卷后，看看四周都是惊慌失措的表情，似乎大家都和我一样，大部分的题目都解不出来，课本及小抄几乎派不上用场。

那天晚上我一直做噩梦，梦到在那面容可亲的教授面前，我一直发呆盯着那张空白的考卷，愈盯愈觉得自己好蠢。最后成绩出来，有位天才获得满分，但全班的平均分数是三十分，而我得到四十七分。幸好，最后的成绩会以班上的平均值为基准往上加，因此拿满分并不重要，只要比平均值高就可以了。

第一年就这样在高压中过去了。5月底，生物工程系要为我们一年级生举行博士资格考试。这是融合三堂必修课学来的知识，要我们应用到真正的研究题目上。我和同学花了三个星期准备。为了应付考试，我彻底从实验室消失了三个星期。

经过一整天漫长考试的疲劳轰炸，最后十七位一年级生都过关了。我们在MIT的第一年，就在研究、上课和考试中飞快地过去了。

取之不竭的MIT资源

在边做研究边上课的第一年博士生生活中，我体会到了MIT"从消防栓中饮水"的教育真谛，其意义是MIT的资源非常多，不论是对工程或非工程题目感兴趣，在这里你几乎都有继续探索深造的机会。

举例来说，有位学长对金融感兴趣，因此在获得生物工程系的核准后去进修了几堂商学院的课程，当他从生物工程拿到博士学位时，也拿到了副修商学院课程的认证。还有一位物理学博士生同学很喜欢音乐，会拉大提琴，闲暇时参加了MIT交响乐团，后来还进修作曲，写了一首名叫《薛定谔的猫》(Schrödinger's Cat)的曲子在乐团中演出。

"你从来不会想到要来MIT进修音乐，"他曾跟我这样说，"可是我发现，MIT音乐系的教育质量不会比其他音乐学院来得差。"

当然，很多博士生一到MIT便有很明确的目标，知道自己的使命以及想研究的主题，因此不会受到任何业余活动的左右，只在实验室专注于自己的研究，四五年后很快就顺利毕业。我很佩服他们的效率。不过，也有很多博士生刚进MIT时仍懵懵懂懂，因为只是一个二十岁出头的年轻人，还不是很清楚自己真正的兴趣与志向。

但这也没关系，因为"MIT消防栓"中的水可以充分浇灌这些人心中理想的种子。举例来说，我读的生物工程系并未规定一定要有指导教授，而是鼓励学生在一个学期内，在不同的实验室探索之后再做出选择。而MIT非工程系的课程或活动，例如商学院以及政策（policy）方面的学生社团等等，有时也鼓励工程系学生来进修或参与。

以我自己为例，我虽然很喜欢我的实验室，但直觉上觉得自己在实验室之外还有别的可能性。尽管那时并不清楚这些可能性是什么，但总想利用课余时间去探索。接下来几章，我将说说我在MIT实验室外的探索，以及慢慢找到使命的过程。

第三章

乌干达，我来了！

"你绝对会后悔的！"前来送行的爸爸如此对我说。我背着沉重的背包，一手拉着鼓鼓的行李箱，独自一人从桃园机场前往香港、迪拜及埃塞俄比亚转机，前往非洲的乌干达。这是我第一次到发展中国家当义工。

"好啦！手机一定要开，随时小心。多拍些相片给我们看。"妈妈说。

两人都不解，我好端端地在MIT读了一学期，怎么就跑去非洲？

参加无国界工程师协会

第一学期上课、找实验室期间，我加入了美国无国界工程师协会的MIT分会。这是一个义工性质的人道组织，让学生利用寒暑假在许多发展中国家与地区（如非洲、印度、中南美等），和当地伙伴进行一些工程援助项目，例如安装太阳能板、建盖学校、设计雨水储水系统等等。MIT分会有一个在乌干达的案子，帮助一个村落推广简单的滤水科技。

我很喜欢旅游，但从未去过发展中国家，刚进入协会时便想：若这个案子有意思，我可以在寒假（2010年1月）去乌干达帮忙。当时还天真地以为可以顺便免费玩一玩。

我大学念的是物理，对于工程及设计可以说一点概念也没有。

"你不需要有任何工程经验。只要愿意学，我们都可以教。"面试我的协会人事处长这么说。

于是，我就这样懵懵懂懂地加入义工队伍，也承诺会帮他们研究各种不同的滤水科技；这个村落的饮用水都取自附近的水池，里面细菌很多，常常会造成痢疾等疾病，因此我们要想办法改善饮用水质量。

在美国，很多人都是直接饮用从水龙头出来的水，但台湾地区喝的水都是用净水器过滤的，我好奇地想：这种科技难道不能用吗？

"以前我在家常用一种净水器。一个约一百美元，使用起来非常简单，不知能不能带去乌干达给当地人用？"我问。

"你知道乌干达乡下家庭的平均收入是多少吗？"一位去过乌干达的协会员工问我。

"不知道。我猜每个月大概五百美元吧！"我胡乱猜测。

"不对，一天薪资大约一美元。一百美元的滤水器对你来说不算贵，却是当地人三个多月的薪资！"

我马上发现自己天真的想法是行不通的。

"况且，"另一个人继续说，"净水器滤芯每两三个月就得更换。在乌干达找不到这种滤芯的话该怎么办？"

这也是我没想过的问题。我本来想说"用空运",但我打算暂时先闭上嘴,回去先好好做功课。

携带简易滤水技术出发

我发现,很多人在发展中国家做工程时都会采用一种称为"适用技术"(appropriate technology)的观念,因为很多尖端的技术在乌干达等地之所以失败,是因为价格太高、太大型化、坏了难以修理以及操作复杂。"适用技术"是一种低价、小规模、本地人可以维修及操作的科技,一旦没有外来援助和技术人员,当地人还是可以一直使用。台湾地区用的净水器就不是一种适用于乌干达乡下的技术。

我上网搜寻后,发现了两个我较喜欢的适用技术可以用来滤水或杀菌:一个是沙滤器(biosand filter),另一个是用太阳能炉(solar cooker)来消毒饮用水。两种方法不仅简单、价廉(约二十美元),也不必时常购买、更换消耗品。

我把我的搜寻结果告知无国界工程师协会。大家听了之后也颇为赞同。

"如果这些科技真的那么简单,我们应该可以在当地举办一个课程,教当地人自己制作滤水器。"有人说。

"我们可以以学生为目标,在当地的中小学教他们如何使用。"另一人说,"如此一来,他们就可以作为滤水大使,把科技传授给村里的大人。"

我从来没有教学或带小孩的经验,听到他们这样说,心里感到有些忐忑不安。但是比起对教学的害怕,我想去乌干达的欲望更为强烈,于是硬着头皮开始和MIT另一位学生大卫(David)设计教学大纲及材料;大卫是英国人,在MIT攻读土木工程博士学位。

现在我有了去非洲的理由,下一步则是要筹措资金支持我去非洲。2010年1月去乌干达的来回机票,加上停留当地期间(四周)的衣食住行费用,总计约需四千美元。这笔钱差不多是博士研究生整整两个月的薪水,我根本负担不起。

后来,朋友跟我推荐了MIT的"公共服务中心"(Priscilla King Gray Public Service Center),他们每学期都会拨款资助学生去世界各地做义工及服务。10月,我递出一份十页计划书,并和工作人员爱丽森·海德(Alison Hynd)面谈了半小时。11月中,我接到好消息,说我的计划案入选了!

现在我有了钱,也有完整计划,在我和乌干达之间没有任何障碍,整个人兴奋得有些晕乎乎,但也觉得忐忑:会不会不安全?会不会生病?非洲是沙漠,我们的饮食该怎么安排?

虽然我有些不安,但是现在后悔已经来不及。接下来,我去校医那里打了几种预防当地传染病的必要疫苗,也开始订购长途机票。

出发前夕,我们和当地合作伙伴联络,才惊觉乌干达的学校一月份正在放假,我们原先计划的课程很可能会落得没有学生来听的窘境。

怎么办？我们事先万万没料到会发生这样的意外！出发前一周，大家召开紧急会议。我也去公共服务中心找爱丽森，问问她的意见。

"既然你们都准备好了课程内容，为什么不直接教大人呢？"爱丽森说。她的建议也在会议上获得大家的同意。于是，大卫和我临时把教学内容改成适合大人的教材。

12月底，我先回台湾休息了几天，再搭飞机到乌干达首都坎帕拉市（Kampala）。

第一个晚上，我睡得战战兢兢；我听说乌干达的疟蚊很可怕，万一被蚊子咬，会立即发高烧。虽然已经吃了防疟疾的药，也睡在蚊帐里面，还是担心不已。

第二天，我和大卫会合。我们要去市中心，因为拦错车，马上就被敲竹杠。接着，我们俩就和其他人一起坐了五个小时的野鸡车到公路边一个不起眼的小镇。而和我们合作的诊所就位于这个大约只有一千人的小镇上。当天诊所煮了一顿丰盛的大餐欢迎我们，当晚我们就睡在诊所的员工宿舍通铺里。我心里也微微松了一口气，心想：已经顺利在乌干达过了两天，我还活着！

非洲不只是沙漠

我在台湾和父母同住，我们对于非洲一直有种根深蒂固的刻板印象：在高温炎热动辄高达四五十度、无边无际的撒哈拉沙漠中，住着很多贫穷的儿童，长年在饥荒下生活。可能是受了媒体的渲染和洗脑，每次看到基金会要募款去非洲，我脑子里想到的都是"饥饿三十"里骨瘦如柴的儿童，靠人道机构空运去的食物生存。因此当我的父母听到我要去乌干达时，无法理解我为何要去那种"鸟不生蛋"的地方。

到了乌干达，我立刻发现，这是一个自然环境优美的国度。虽然位于赤道上，但是首都坎帕拉与我们工作的地方都是坐落在有一定海拔高度的高地上，因此白天的气候干燥而舒适，晚上则是凉爽宜人。整个地方绿意盎然，生机蓬勃。

我们寄宿的诊所是美国一家非营利组织兴建的。诊所的电力供应完全来自装设在屋顶上的太阳能板，只要是晴天而且电池没坏，日落后可以供应三四个小时的电力及网络。诊所后面有一间员工宿舍和一间厨房，平常为约六位长期员工提供吃住。厨房用木柴或木炭煮饭烧菜。诊所边缘有两个茅坑式厕所。

诊所没有自来水。大部分的用水来自五百米外山坡下的一个水井。员工（包括大卫和我）每天数次轮流拿着塑胶桶去汲水。装满水的桶重约二十公斤，一手各提一个走上坡路回到诊所，一开始很吃不消。由于取水实在太辛苦了，我们尽可能节约用水，因此大家每隔两三天才洗一次澡。

只要下雨，诊所的人便把瓶瓶罐罐全拿出来，放在屋檐旁边盛雨水。看起来好像这里的"用水"问题很严重，但实际因为诊所位于全村离水源最近的地方，对我们来说，这个问题相较之下还算是最简单的。

我们所住的村子有很多小孩，每天必须扛着沉重的水桶，赤脚走数千米的路。在这里，家庭主妇往往因为种田无法离开，就由小孩去提水，大多数的孩子因此而辍学。

启动滤水器计划

抵达诊所后隔天，我们在当地翻译的带领下和村长碰面。前半段会晤都是翻译人员和村长用卢干达语聊天，大卫和我都听不懂。忽然村长转过身来，用英文对我们说："欢迎！"

我们准备了小礼物送给他。他则拿出他的访客簿给我们签名。

"我们的村落很穷，"他说，"我们有七个水井汲水机，但有五个坏了。你们可以帮我们修好吗？"

我们跟他解释，这次来的主要目的是考察滤水器的适用性。但是，我们也很乐意帮他们看看这些汲水机。

"可是，"大卫说，"修好汲水机后，当地必须要有一个管理汲水机的委员会来定时维护，要不然很快又会坏了。"

"那很好。"村长说，"我们非常愿意提供资源来协助。不过你们看，我们真的很穷，很穷！"

大卫是土木工程系学生，对于修理水井和汲水机有一些了解。因此我们回去讨论后，决定让大卫去诊断汲水机的问题并且修理，而我则继续原来的滤水科技计划。所以，我去了最近的三十千米外的小城市买了一些材料，试着动手制造滤水设备。

于是，我们把诊所后院变成一个小型工厂及实验室。我试着用当地能买到的材料来组装测试滤水器，而大卫把坏掉的汲水机拆开后更换零件。此外，我们也采集了不同水源的样本来做简单的水质测试。

为了更加了解当地家庭用水行为，我们雇了一位翻译，造访了十个家庭，并做了面谈。每次我们进屋时，每个家庭都会煮水沏茶请我们喝。我们便趁喝水聊天时和他们聊聊煮水的方法。他们都是烧木柴来煮水。我们也发现，很多家庭主妇每天会花上数小时寻找可用木柴。我们提起了滤水器，他们感到很好奇，想看看我们的展示。

"我们还在建造测试中，"我们对这些家庭说，"测试完毕会举行展示会，你们可以来看看。"

我们当时以为，家家户户都是用木柴烧水以达到杀菌目的，因此，如果滤水器研发成功，将能大幅减少当地家庭的木柴需求量，也能提供干净的饮水。想到我们提供的设施有助于改善当地居民生活，也鼓舞了我们加快脚步去测试刚做好的滤水器模型。

意外的旅客

来到这里一星期后，一辆大车载了十四位医生来到诊所。他们大部分是美国医学院实习生，来乌干达执行两周医疗任务。在这两周里，本来冷冷清清的诊所忽然间人满为患。

这些医生也和我们一起住在通铺宿舍里，整个环境顿时人声鼎沸，热闹许多。大卫和我晚上与他们聊天时，得知有一半以上的就诊病人都是疟疾患者。

有位医学生平时很喜欢穿凉鞋，他的脚趾上有个长久无法愈合的伤口。当地一位儿童看到他的脚趾，马上知道是长寄生虫了，这位医学生这下也成了诊所的病人。他们把伤口打开来，发现里面有数十粒白色的寄生虫卵！

某晚，我们住的通铺不知从哪里飞来一只蝙蝠，导致一位医学生睡觉时被蝙蝠叮咬到。因为蝙蝠可能会传染狂犬病，那位医学生马上变成了病人，被连夜送到首都坎帕拉去打狂犬病疫苗。后来听说那里好像没有疫苗，于是又被火速送到英国伦敦治疗。

那支医疗团队来得快、去得也快。不久，诊所又只剩下我们六七个人。

太阳能炉我早就盖好了，但沙滤器的建造比想象中困难许多。沙滤器需要大量的沙，由于当地的土质很像黏土，而从附近运来的沙里混杂了很多黏土和淤泥，得小心掏出淤泥块和黏土，才可以运用在沙滤器上。因此，我的进度很缓慢，光做沙滤器就花了整整一周。

第三周，我们举办了两个课程，解释沙滤器及太阳能炉的用途。有十几位村民来参加，其中几位表示有意愿和我们一起进行测试。于是，我们把刚做好的模型安装在他们家里做长期测试。

大卫则修好了两个坏掉的汲水机。我们和村落长老一起讨论、推选汲水机管理委员会的成员，以维持机器的正常运作。

茶水不分，滤水器变废物

四个星期很快就过去了。回到波士顿，我无法想象自己在乌干达才工作了四星期而已，因为感觉在那里的生活非常漫长。一开始，我对于要在这样偏远又没水没电的地方生活还有些担心，但我撑下来了！不仅撑了下来，我认为自己可以持续待下去。这时的波士顿正值寒冬，每天下午四点左右太阳就下山，遍地积雪，我反而想念起乌干达那充满生命力的活泼朝气！

回来后，我每隔一两个星期就和乌干达的人联络，他们虽然一开始帮我们测试滤水器，但过了几个星期后，我失望地发现很多人都不再用了。

我想要了解真正的原因。寻找答案的过程中逐渐发现，原来他们很多人每天都是煮茶来当水喝的，反而不常喝白开水。这个觉悟让我惊觉原来当初的"善念"只是一场天大的误会，我们看到家庭在烧柴煮水时，都以为是为了杀菌，因此当初的想法是如果可以展示一种更简单的滤水器，就能帮助当地家庭节省木柴、免煮水，也可以喝到水质干净的白开水。

现在我发现，他们煮水的真正原因是要用热水泡茶。这种文化之间的差异，是当初面谈那十个家庭时完全意想不到的。既然很多人都不喝白开水，我们精心制造的滤水器也就毫无用处了。

反之，大卫修好的汲水机一直有人使用。我们逐渐发现，当地人的瓶颈不在于喝不到好质量的水，而是取水困难。因此，我们听了村长的要求，试着帮他们修理汲水机，这对当地村民的贡献远比我们在MIT凭空想象滤水问题要实际多了。

事后看来，绝大部分的计划一开始都是一场误会。在未来几年里，我也陆续接触了很多二十出头的年轻人，充满雄心壮志想要去非洲帮助穷困的人、想要改变世界。结果几个星期后垂头丧气地回来，因为看了当地情况，加上经历了种种误会及挫折，他们觉得自己太渺小了，什么都改变不了。现实生活让他们的理想破灭了。这一点都不令人惊讶，因为二十出头的年轻人从来没去过非洲，生活经验或历练也不够，懂得怎么改变世界吗？其实第一次去发展中国家，只要能学到一点点以前不知道的事情，而且能平安归来，就已经是丰收。

而这一点点从现实生活中得到的学习收获，也是MIT能帮助学生做到的。

回来后真的发现自己对这种工作没兴趣，那也没关系，至少知道自己为什么没兴趣，以后可以朝其他方向探索。

如果我对这一方面仍有一些兴趣，那么这次的现实经验会让我明白，自己以前的认知是多么浅薄，自己所犯的错误是多么的低级。若真要在发展中国家做出一点微薄贡献，必须经过年复一年的不断尝试和一次又一次的失败，用泪水、汗水甚至流血慢慢摸索出来正确方向。

可是那时，我还只是一个二十出头的MIT新生，没有太多的人生经验，对于以上所说的道理还没有很深刻的觉悟。那时我单纯的脑袋只知道，第一次在乌干达的尝试不是很成功，可能是因为我是和一群同样缺乏经验的同伴胡搞的结果，不了解当地的人文习俗，使得做出来的科技和现实脱钩。因此,我决定利用博士研究外的余暇时间,向专家请益和学习。于是,我开始寻找在MIT有没有课程是教学生去发展中国家做工程。

第四章

D-Lab三部曲：发展、设计、创业

如果说MIT在我研究领域内有一位我崇拜的偶像，那就是彼得，但在我研究领域之外的则是艾米·史密斯（Amy Smith）了。艾米是机械工程系的资深讲师，年轻时曾经在非洲的博兹瓦纳共和国工作了两年，她在沙漠中忽然有了一个顿悟，她想为发展中国家做小型工程设计。

在二三十年前，大部分发展中国家的援助案都是大型的工程开发案（如水坝），而艾米是当时主倡"适用技术"的先锋之一。她回到MIT后，发明了一些简单的小型农业技术，得到很多奖项。2006年，TED邀请艾米发表一场著名的演讲，2010年，《时代》杂志推崇她为世界百大人物之一。

拜师学艺

2002年，艾米成立MIT的D-Lab，专门教MIT学生如何为发展中国家进行工程设计。这几堂课在MIT非常热门，每年都要经过申请或抽签决定才能注册。

我从乌干达回来之后,决心要到D-Lab上课,学习如何在发展中国家工作。而我很幸运地,在2010年9月成功注册。

我上的课名叫"发展",是D-Lab"发展、设计、创业"三部曲的第一堂课,主旨是介绍发展中国家的环境,以及如何为其做工程。

虽然艾米十分忙碌,但大部分课程仍由她亲授。她戴着眼镜,无论是讲课或与学生讨论,始终面带微笑,充满着孩子般的天真及好奇心。

寒假(1月)时,这堂课也会带学生去某个发展中国家工作四星期,以实务来印证理论。一堂课约有六十位学生,因此分为八队,各自去不同的国家与地区(亚洲、非洲、中南美都有)。每支队伍由七八个学生及两位D-Lab领队共同组成。这趟旅程的目的是要教导学生如何聆听发展中国家当地人的问题,然后一起设计解决方案。

"很多MIT学生都是科技迷,认为只要能把适当的科技空降到发展中国家,就能解决当地大部分的问题。"艾米告诉我们,"可是凭空设计的科技只是浪费大家的时间。如果你能真心去了解当地的问题,有时候,你会有前所未有的见解。"

我听了格外觉得心有戚戚焉。当初在乌干达,如果我们能多花一两个星期和当地家庭一起生活,或许就能更了解他们喝茶的习惯,也不会犯下那么大的错误。

"为了避免盲目的探索,你们每个人可以选一种科技先做初期的研究了解,成为代表那项科技的使者和专家。"艾米说,"但这并不表示你们研究的科技是当地所需要的。尽管如此,也许你们可以从与当地人的对话中,找出真正的问题及解决的方法。记住,你们首要的目标是探索与学习。"

我抽到的是加纳队,领队就是艾米。我觉得自己实在太幸运了,不仅可以聆听艾米讲课,还有机会在2011年1月和她一起去加纳学习。

之后,每个人都选了一项自己感兴趣的科技去研究。我选择研究一种称为"连锁砖"的东西。在非洲很多地方,房子都是用泥砖砌成的。砖与砖之间要铺很多水泥。但水泥很贵,在乡下也很稀有。连锁砖本身就是凹凹凸凸的形状,因此盖房子就像堆乐高积木一样把连锁砖互相嵌合,如此便能降低水泥的需求量了。

重返非洲

2011年1月初,我们一组十人和二十几件行李进了小货车,一群人来到波士顿罗根机场,在阿姆斯特丹转机后,于隔天晚上抵达闷热潮湿的加纳首都阿克拉(Accra)。

一到当地,立刻就有人开车来接我们到库马西市(Kumasi)。一路上颠簸异常。我很困,但是一睡着,脑袋就会撞上窗户或车顶。就这样一直晃到凌晨两点多,我们终于到达了目的地。

在往后的几天里,我们都待在库马西市,购买或制作需要的各种零件。例如,我向库马西大学借了一台压缩砖块的机器,试着制作不同形状的连锁砖块。

由于我的零件需求不多，一下子就搞定了，便去帮其他同学准备他们的零件。例如同学拉杰什（Rajesh）要制作花生油的压缩机，其中最棘手的部分是一个精密的螺旋锥。这种螺旋锥在美国到处都有，但我们找遍了库马西市都没找到。最后，我们试着找当地的金属工用砂模铸造方式帮我们打造一支。

于是，我成了那位金属工的学徒及助手。我们先把带来的样本锥埋入砂箱中，然后小心翼翼地取出来，砂箱里便有了一个螺旋锥形状的洞。接着，金属工把一些破铜烂铁的废物装进一个他亲手打造的烧炉去熔化，然后把熔化的金属倒进砂箱的洞里，等到金属冷却加以清理过后，就变成螺旋锥模型。

我从来没有看过熔化的金属，也从未看过有人可以如此灵巧地操控金属，觉得整个过程很酷！

在库马西的几天，我们把所需的零件都准备好之后，便搭了两个多小时的车来到一个小村庄。艾米和当地的一位牧师很熟，因为每年她带学生过来时，就会借住在牧师家里。

这个村庄比我以前在乌干达待的诊所简朴了些。很多地方都没电，因此晚上全靠手电筒及头灯办事。有时晚餐后大家会在漆黑的环境中聊天，只有炉子里的红色木炭隐隐发光。除非有人去搅动炉子，这时散发的火花才暂时照亮大家的脸庞。

食物中毒，虚惊一场

当地有许多很奇特的菜肴，其中一种叫"富富"，是把木薯捣成泥之后配汤喝。

一天傍晚，我看到牧师的女儿和儿子在捣富富，我就过去帮他们。当地人会用一根粗木棍去捣富富，每捣一次，另一人就要去捏一下泥团。这一捣一捏之间需要良好的默契。我才捣了几次，一不小心就敲到别人的手，惹得大家哈哈大笑，很快地，我就从厨房被"驱逐出境"了。

那晚吃完富富，肚子觉得很胀。后来竟然开始恶心。似乎是食物中毒，胃发炎了。吐了一整个晚上，第二天早上感觉好多了。

这时，艾米要带我们去塔马利（Tamale）参观一个工厂，我也想跟着去。出发前，艾米递给我一只空的小锅子。

"以前我的学生也有食物中毒的经验，"她很实际地对我说，"看来你现在状况还好，为了以防万一，你拿着这个锅子吧！"

牧师也给我喝一种止吐药，我们接着便出发上路了。可是车子才开了半个多小时，止吐药似乎一直在我胃里翻搅，十分难受。我又开始呕吐了起来。

中午，我们抵达塔马利的工厂，我的胃仍然很不舒服，想吐又吐不出来，结果在参观工厂时，我都是紧紧地把小锅子抱在胸前。我心想：这真是荒谬的举动啊！

下午回程时我又开始吐。艾米担心天气太热，而我也无法补充水分，就给我吃了一颗活性炭胶囊。之后我就一路睡回去。醒来之后觉得好多了，也开始能慢慢进食。

聆听需求，砖头变冰箱

我在村里用从库马西带来的手动压缩机制造了不同形状的连锁砖，同时也盖了一个小型的墙来做测试。

我观摩当地的建筑和制砖业，发现当地的砖块都是就地取材的黏土砖。这种砖块的制造成本非常低，因此若要以较复杂的连锁砖做市场竞争，是非常困难的。

另外我也发现，当地大部分的房子不是用水泥，而是用黏土建造而成的；这里的房子大多是一层楼的茅顶屋，不需要十分坚实的结构。没有了水泥的需求，连锁砖也就无法发挥它的功用。因此我的结论是，连锁砖在这村子并没有什么发展的机会。

在艾米的建议下，我和掌控厨房的家庭主妇谈了谈。她们的难题是新鲜蔬果难以保鲜，因为没有电，也就无法使用电冰箱。

"你的砖块如果不是实心的，而是渗水的，是不是就可以造成一个自然的冰箱？"艾米问我。

艾米说的原理是指水汽蒸发时会带走热能。如果我用可以渗水的连锁砖造成一个地窖似的容器，那么当地家庭主妇只要把蔬果放入地窖内，然后每几个小时在周围的渗水围墙浇水，那么从周围蒸发的水汽就可以冷却围墙里的蔬果。

我不知这样是否行得通，但我兴奋地设计了一个地窖，并花一周时间盖了一个简单的冰箱模型。

测试后，发现里面的温度是冷了些，可是无法达到像冰箱里的冷度。因为我们没有温度计，因此无法精确测量温度。而且，这个地窖的功能是看天气运作的，当雨天或湿度较高时，它就失去冷却的功能。

最后我把这个"冰箱"留下来当作展示品，其他人若有兴趣也可在自家建造。

我开始研究连锁砖时，绝对想不到最后会用它来盖冰箱。但这就是D-Lab教我们聆听当地人需求之后开发出来的产品。我从这个过程中领悟出，一个外地人其实很难在远处就对当地情况有彻底了解，也无权把脑袋里凭空设计出的科技，一股脑地就要求当地居民测试。有时候，必须先耐心聆听他们的声音和想法，才能印证想象中的问题是否存在。这是我在D-Lab"发展"课程中学到的最重要的一件事。

手动离心机获设计大奖

回到MIT后，我继续进修D-Lab的第二堂课——"设计"。这堂课的哲学是当学生在"发展"课中学会聆听当地声音后，接着就教育学生如何为发现的问题设计解决方法。

我和另外四位学生同组。我们的合作伙伴是尼日利亚的一位医生，他说他的诊所经常没电,但他必须使用离心机诊断病人的血液样本。目前他使用改装过的脚踏车来转动(不需电力)离心机,可是他觉得这个改装机十分笨重,问我们有无解决办法。

为了更加了解医生的困境,我们先用废弃的脚踏车在MIT也盖了一个手动离心机,测试几次之后,发现真的如医生所说,操作上非常吃力,而且体积庞大。

我们开始绞尽脑汁地思考如何把现有脚踏车改装成更小、更便捷的手动离心机。但想来想去就是没有好主意。我们似乎碰上瓶颈了。

"你们的核心设计目标是什么?"我们的导师问。

"我们想把脚踏车改装成更轻便、更小的手动离心机。"我们回答。

"不对,不对。"导师直摇头,"你们的设计目标太局限了。你们只是想设计出更轻便、更小的手动离心机,但改装脚踏车是达成目标的手段之一,并不是目标本身。"

经由这样的对话,我们恍然大悟:原来我们把设计的目标和手段本末倒置了。除了改装脚踏车,这世界上还有成千上万个我们尚未考虑过的手段。

我们花了一两周时间搜寻现有的专利,找找有无可能把缓慢的手动能量转为高速旋转(每秒三十至六十次)的方法。我们几乎把工作室所有能旋转的东西都用上了,逐一拆开来研究是否可以改装,以达到我们所需转速率的离心机,甚至连溜溜球、脚踏式缝衣机甚至电风车都考虑过了。最后我们发现,电钻里的行星齿轮(planetary gear)可以在很小的空间里达到我们的需求。我们在电钻前方装上一个可手动把手，就能把血液样本放在行星齿轮后方高旋转处。我们由此研发出一个比改装脚踏车体积小很多的手动离心机，价格也便宜了一半以上。

我们把这个设计构想告诉了尼日利亚的医生，他听了之后十分兴奋，立刻改装诊所里的脚踏车离心机，也协助附近其他诊所改装。后来，有同事提出想把这个设计带去印度量产的计划。

看来，我们设计出了一个似乎颇为成功的离心机。这个设计之后得到了詹姆斯·戴森（James Dyson）①发明奖。

简言之，MIT的D-Lab首先通过"发展"课扩展了我对发展中世界的认知，然后经由"设计"课，让我尝试为发展中国家开发出得以应用于真实世界中的有用设计。

至于D-Lab三部曲的第三部"创业"课程又如何呢？

这堂课我也上了，但那是稍后的故事。现在，就暂时略过不提。

---

① 詹姆斯·戴森（James Dyson）是英国发明家、工业设计家，亦是全球知名吸尘器"戴森"所属公司的创办人。

第五章
和救护车队学领导

很少人知道MIT有自己的救护车。我去学生中心吃饭时，偶尔会看到它停在路边。白色车身擦得雪亮，中间一条粗线漆的是MIT的枢机红，上下两条细线则漆上MIT的钢铁灰。车身上骄傲地漆着"MIT Ambulance"几个字，车背郑重地放着一颗深蓝色生命之星。在车上进出的是训练有素的学生义工，他们穿着藏青色制服、黑裤与黑靴子。除非发生紧急状况，一般时候，车子和人员总是低调地隐没在校园之中。

我和救护车的缘分，是从一堂和哈佛合作的医疗训练课程开始的。这堂课的主要目的，是训练从事生物性质研究的博士生能更了解自己的研究如何应用于现实世界中。我们学习了一些基本的医学知识，还被安排去观摩心脏手术及癌症患者的器官解剖等。暑假期间，也会被要求做特定的医学观察。通常，学生一整个暑假都在哈佛医学院的实验室展开实习。可是我的教授不希望我整个暑假都不在MIT，我只好设法寻找其他业余的医学观摩机会。去MIT的救护车队当义工，便是其中的选择之一。

于是有一天，我异想天开地发了一封电子邮件给救护车队，询问能否观摩。

他们很爽快地答应了，于是我有机会在救护车上观摩数小时。但MIT救护车队的病人不多（大约每十个小时才会有一个案例），观摩时间也很难安排，因此一直无法有机会深入了解及体验。

我问他们"如何才能加入救护车队？"他们解释，MIT救护车队每年会训练一批新成员，申请者必须先拿到美国麻省基本救生员执照，才能获准进入救护车队工作。换言之，我要加入就得报考这个训练课程。但他们又说，我去申请大概不会通过，因为我太老了。

这是什么意思？

他们解释，通常只会接受一、二年级的新生。早早地加入，才能在毕业前有三四年时间为救护车队做出贡献，并累积经验。由于我已经不是新生，他们认为如果现在花时间及金钱来训练我，我能待在救护车队的时间不会太长，不具经济效益。

我有点失望，也觉得不服气。我有时候就是有股牛脾气，当别人愈说我不行，我就愈要证明自己行。我觉得自己不需要依赖MIT救护车队所提供的训练课程，因为波士顿有很多地方都提供了相关课程，只是我必须自己掏腰包。但是天下没有白吃的午餐，有所得就要先付出。

我选了一堂在暑假每周一至周三晚间及周末全天的课程，还得抽空做功课及考试。整个暑假下来，体力有些透支，所幸我在9月初成功拿到了救生员执照。

等秋季开学时，我把刚考取还热腾腾的救生员执照拿给MIT救护车队看，询问他们是否愿意让我在救护车上工作。他们和我做了一次面谈，考虑了两周后，正式邀请我加入救护车队。

逼真演练，未雨绸缪

"二八六，请到Green大楼旁。"无线电呼叫我们。二八六是当时救护车的呼号。"有辆小轿车失控撞上大楼墙角。"

我们一支小队有三位救护员，这次由我担任队长。

"我们需要通报消防署吗？"一位队员问我。通常发生重大事件，我们都会请消防署人员到现场处理。

我考虑了一下，说："先不要。我们先去看看，有必要再叫。"

到了Green大楼旁，果然有一辆车，里面载有四位女伤员，全都没有动静。一阵惶恐袭上心头。伤员比救护员还多，我们该怎么救？

我接近驾驶座的伤者，想要先从她开始救治。我忽然想到，在有很多伤员的当下，我们必须先分诊，依照伤员的严重程度决定救护的先后顺序。我拂去心中的惶恐，开始指挥现场，请一位救护员开始分诊前座伤员，请另一位救护员通过无线电呼叫消防署来支援。

我也开始分诊后座伤员。有位伤员一直在发抖，脸上流了些血，无法说话，但看起来没什么大碍，于是我把她扶到旁边去。她是"绿"的，在救护员的术语里表示没有生命危险，不需要立刻急救。我马上在她的手腕上挂了绿牌，以方便辨认。另外一位伤员仍有心跳，但呼吸微弱，没有知觉。她是"红"的，表示有立即的生命危险，必须马上急救。

"我这里有一位没有呼吸和心跳、黑的伤员。"另一位救护员向我回报。黑色表示创伤重大，已不适合做心肺复苏术或人工呼吸，我们也不会进行立即抢救。"另外这一位昏迷，但有心跳，呼吸也正常，是黄的。"

这时第二辆救护车来了。

"我们这里有一黑一红一黄一绿。"我把伤员情况汇报给他们的队长。"我们从红的开始，你们从黄的开始。"

接着，我和一位队员把挂红牌伤员的脖子固定住，以免脊椎移动而加剧伤害。另一位队员则架设好氧气筒。最急迫的应该是把这个病人移到靠背板上，移开车子，可是我们的靠背板被第二辆救护车拿去抢救黄色伤员了。没有适合的器材，我们只好随机应变，找到一大片木板，结果木板根本放不进车子前座的空位。我气得大叫："没时间了！我们一人抓左肩，一人抓右肩，一人抓腰带，数到三，把伤员移到平坦地面。"两位队员照做了。

伤员移到地上后，一位队员赶紧施予人工呼吸，我们则用伸缩抬床把伤者运上救护车。

"我开车。"我对两位队员说，"你们一人监测并给予呼吸，一人量血压及脉搏，并以无线电通告麻省综合医院。"

"停！"主监考官大喊。我们每个人都停止动作。躺在地上那些岌岌可危的黑的、红的、黄的伤员全都爬了起来。

接着，大家围坐一圈进行讨论。

"首先，你为什么没在第一时间通报消防署？"监考官问我。

"我们收到车祸的讯息，不知有多严重，我想先看看情况。例如，若只是轻度擦伤，便没有通报消防署的必要。"我说。

"车祸本来就是重大事故，必须通知消防署。消防人员也有可以把伤员迅速从车子撤离的器材。刚才我刻意只给你们一个靠背板，所以在没有消防人员的情况下，你们根本无法同时安全撤离两位伤员。"监考官回答。

"还有，你们分诊有错误。"那位被我们归类为"黄"色的伤员说，"我意识不清，应该是红的。你们要再次温习分诊的正确程序。"

"当你们移动我的时候，我确定我的颈椎和脊椎都大幅移动。"另一位"红"色伤员说，"你们可能导致我半身不遂。"

"整体来说，这个场景的管理有些杂乱。"监考官又说，"我看到你们和第二辆救护车进行了沟通。可是，对第三辆救护车呢？"

我忙着抢救伤员，根本没察觉到有第三辆救护车来。

监考官继续说："你是第一辆救护车的队长，而这是一个大量伤员事件（MCI）。因此你马上成了MCI的总指挥官。身为总指挥官，你必须观察三辆救护车人员的一切，你不能因为忙着抢救伤员，却忘了整个大局的管理。"

这虽是一场模拟练习，可是身为救护员，我们可能会在现实生活中面对同样的情况，因此必须随时有所准备。经过这次逼真的事件模拟，我也有了信心，下次碰到类似的事件绝对不会再犯这些错误了。

病人教会我的七个沟通技巧

我们服务的对象大部分是MIT学生。最常见的病人不是喝醉酒，就是运动受伤。这些病人通常不愿意配合就医，因此我们也需要训练说服他们就医的口才。

说服病人就医其实是高难度的技巧。我们每个月的月训也常常假装自己是难缠的病人，让大家练习说服能力。以下是我学到的几种说服方法：

一、功课法：很多人发现，只要告诉MIT学生可以把功课带到医院去做，便是说服很多病人立刻就医的魔法妙方。

二、免费运输法：美国有很多人都不愿意就医，因为若无健保，医疗费会很可观。但是我们可以对病人说，我们的救护车服务是免费的，等到了医院和医生咨询后，病人可以再决定要不要花钱治疗。

三、感情引诱法：皱着眉头直视病人，跟他说："我真的很担心你。"（这句话由女性救护员来说更有效。）

四、挑战性谈判法："你如果无法维持平衡走直线，就得和我们去医院。"

五、严重后果法（针对病重却不想就医的人）："不去医院可能有很严重的后果，包括死亡。"

六、拖延法：如果病人不想去医院，但救护员觉得病情正在加剧时，在没有其他急迫事件的前提下，可以和病人慢慢磨时间，等到病人神志不清或昏厥时，便可强制送医。

七、选择幻象法：这是我最喜欢的沟通方式，是给病人限制性的选择。例如问："你想去甲医院还是乙医院？"而不问："你想不想去医院？"

总而言之，很多时候，说服病人就医的协商，比我往后创业时的生意协商要困难很多（尤其是不理性或神志不清的病人）。因此在担任救护员的过程中，我学到了非常有用的沟通技巧。

突破瓶颈的关键：扛责

在MIT救护车队工作一年多后，我碰到了瓶颈。

我的同僚都飞快地超越我、当了我的队长后，我仍只是区区的中级救生员，迟迟无法晋升。我的个性很好强，爱与别人竞争，这样的状态让我的心里有些不平：为什么自己的进度这么慢？

是我得罪了某个上司吗？我花了一两个星期试着找出症结所在，却找不出所以然，因为大家看起来都是明理人，和我的相处也还好。

有一阵子，我甚至认为这支救护车队存在种族歧视——大部分的资深队长都是白人。是不是因为自己是亚裔人，凡事都必须更加努力才能获得上司认可？

是自己监督下属不当吗？我发现，有时候我被上司怪罪的是下属急救时所犯的错误。我试图更严厉地监督下属，但新手犯的错误仍源源不断出现。为什么是我的错而不是他们的错？我开始为自己找借口，也因此造成我和新手间的摩擦。有人甚至私下说，觉得我有时候非常自大。我听了这些评论，心里感到非常委屈。

最糟糕的是，我似乎失去了对紧急医疗的兴趣，每个任务看起来都一样，没有以前的新鲜感。我仿佛原地踏步不前，没有再学到新的东西。

有一天，我找到了答案。

我当时人正在救护队的办公室里。有位新队长刚执行任务回来，他因为忘东忘西，甚至下属被"丢包"在医院里没带回来，而被长官骂得体无完肤。可是他没有回避错误，反而积极地提供改善方法。

我在当下有了两个顿悟：第一，大家都会犯错，包括我和长官，不只是新手；第二，当长官并不是一种权利，而是责任，必须为自己及下属的一切行为和错误负责。当我想要升迁的同时，是否也具备了这种敢于承担责任的胸襟？

我打算做一个实验。执勤时，我开始要求自己必须负起一切责任。倘若是我犯的错误，那就是我自己要检讨；倘若是下属犯错，与其怪罪他人，更应究责的是我对下属的训练；若是长官犯的错，由于我是长官的助手，是我没有及时发现并更正错误。这三种想法让我有了新的心态。

我刚开始做实验时还有点胆战心惊，心想：如果我把所有错误都归咎于自己，那岂不是显得自己非常愚蠢无能？

结果不然。当我诚心检讨自己时，我发现下属和长官也都清楚知道哪些是我的错、哪些是他们的错，他们没有批评我，反而进一步讨论自己的错误及改进方法。当我开始要求自己必须为一切负责时，我发现自己的知识是多么肤浅，要改进的地方是如此繁多。我也开始花时间强化自己不足的知识，当我针对疑问向他人求救时，他们非常乐意帮忙解惑。我开始注意到那些晋升得比我快的同僚在执勤之外，私底下又下了多少工夫来提升自己的能力。

这是我最终突破瓶颈的方法。当我改进自己的弱点时，我也感觉到自己正在进步及学习。在此过程中，我已经不再那么在意要赶快晋升了，一旦我准备好了，自然会获得拔擢。几年后，我也成了以前我所羡慕的年长救护员，在救护过程中负责大局并指导下属。

分散式领导，在进步中交棒

当我蜕变时，我发现自己和下属之间的关系也在改变。以前我以为有了下属后可以呼风唤雨，指使他们做些繁琐的事情，让自己可以悠闲些。如今我发现，当长官和我自己都在积极寻求进步时，自己的职责其实是培训下属，让他们有一天能取代我现在的职位。

因此，每当我们出勤时，新手总是有诊断病人的优先权。虽然他们的经验和专业比我生疏，但我宁愿默默地让他们先行揣摩，万不得已时（像是他们即将诊断错误而危及病人权益时）才插手介入。最成功的任务就是自己从头到尾都没有插手下属的诊断，因为这时下属已经成功取代了我的位置，同时我也驱策自己加速具备队长所需的能力。

这种领导方式乃是MIT救护车队的核心，是一种由自己的努力来带动下属的努力，使整个组织得以持续不懈地自我学习及改进。这种特殊的领导方式在管理学里叫作"分散式领导"（distributed leadership）。MIT救护车队虽是一个学生团体，但因组织结构完整，并不逊于世界上其他公司和组织。后来，我偶尔会和世界各地不同的组织合作，发现领导方式各有不同，有些非常极权化，有些公司的架构十分扁平，有些是层层官僚制度，有些则靠着一人魅力来赢得下属的心。相对而言，分散式领导算是一种较新颖的领导方式，常被MIT商学院拿来作为研究案例。因此，每年都有企业高层主管来MIT，花几千美元进修分散式领导的课程。

我在救护车队担任义工时，无形中也学会了管理一个组织的窍门，也可能为未来的自己省下几千美元的学费。当我看到别的公司管理不当或自己的团队士气不佳时，我总会回顾我在救护车队的经验，以此作为管理的指南针。

第六章
简单设计不简单

要说MIT救护车队的独一无二之处，就是这辆救护车是由学生亲自设计打造，有许多专门订制的功能。

救护员站起来常常撞到头？没问题，我们在顶部的橱柜角落多加了一层软垫。喝醉酒的人忽然呕吐到救护员身上？没问题，我们在天花板和车厢内壁加装很多架子，每个架上都放有呕吐袋，可让救护员不用寻找，两秒内便迅速递给病患。现有的救护车是通过手机发送短信来记录病人送医的时间，无法直接和记录系统连线，造成很大的不便？没问题，我们写了一个程序，直接把手机信息自动化连线录入到救护车的资料管理系统中，省掉了人工手动输入的辛苦。

因为这些独一无二的功能，MIT救护车得到了最佳设计奖，设计自动化系统的学生后来还获得波士顿救护车大队雇用一个暑假，帮他们的记录系统做些自动化设置。

改善病人舱保温设计

有一天，我发现每当天冷救护车停靠在外面时，都必须一直让引擎空转，这是车队的规定，原因是借由引擎生热来提供暖气，以维持后座病人舱的温度接近室温，避免车上药物因过冷而影响药效。但我觉得这么做很浪费汽油，于是开始思考是否有科技能够自动监控车内温度，让引擎低于某个温度时才启动。

我上网找了一些可避免引擎空转的现有科技。有一家公司专门销售这种科技给救护车队，但他们的科技需要安装一个巨大的电池系统，费用高达上万美元。我感到很苦恼，因为救护车队根本没有那么多钱来安装。

可是这个问题一直在我脑海里萦绕，因此我又花了几星期到处打电话询问，发现有一种救护车是在引擎和暖气之间装置一个外部循环泵，关掉引擎后，借由小小的电力系统使引擎的热能循环到病人舱里，即使引擎关闭半小时，也能正常维持舱内温暖。这种系统很昂贵，需要几千美元，加上我们的救护车里剩下的空间本来就不多，实在容纳不下这种装置。

我懊恼地跟救护车队的一位同僚谈起这个问题。"有加装循环泵的必要吗？"他问我。

我们由此想出了一个新点子：即使救护车的引擎是关起来的，只要能维持病人舱暖气的送风，把引擎的余热带进病人舱里，就能让车厢内保温约二三十分钟。所以我们必须设计一个可以每时每刻监视引擎温度或电池电力的系统，只要其中一个快低于标准值，就自动通知引擎重新启动。

我们很兴奋地立刻去找汽车修理工告知我们的设计,并请他估价。

很多汽车修理工看到我们要安装在救护车上的东西感到很奇怪,大部分都不愿意承包。好不容易找到一个愿意尝试的修理工,但要把我们的想法转换成实际的设计其实并不容易,因为病人舱暖气的控制系统是制造商提供的,无法随便窜改线路。我们想了几个月之后都没有结果,似乎成了僵局。

到航天工程系找灵感

我考虑到自己对于这种系统的设计根本没经验,是自己的弱点,因此暂时搁置这个设计问题。同时我去航天工程系上一堂系统工程课,看看会不会有些启发。

这堂课每学期都会给学生一个真实的设计挑战。我们的挑战是要设计一个"行星探针"(planetary penetrator),这是一个像飞弹一样的尖锐探针,能在展开太空探索时从轨道上抛下来,插入行星的表面。探针里有很多科学仪器,可以对行星土壤里的温度、成分、波动等进行测量,然后把结果传回地球。这种探针也能应用于地球上,MIT有些科学家就想把我们的探针带到南极,从直升机抛下插进冰里,测量南极冰盖不同地方长期的波动来预测气候变迁带来的影响。

探针的想法听起来好像很简单(用重力加速度插入地表),设计起来却十分棘手,问题如下:

一、在朝有大气层的行星坠下时，如何控制它的飞行姿态（flight attitude），以正确的角度插入地表？

二、在与地表撞击的刹那，如何使里面的仪器不被破坏？

三、若插入像冰一样的表面，如何让仪器充分散热，避免因过热而使附近的冰融化？

四、要如何保温才能避免不同的仪器因为过冷而失灵？

五、如何让探针和在太空中快速飞过的母卫星联系？

杰佛瑞·霍夫曼（Jeffrey Hoffman）是这堂课的教授之一，他是退休的航天员，曾在国际太空站工作。在我们的设计过程中，他在太空总署的经验给了我们一些很有用的见解。例如开始任何设计之前，他要我们先用一个月的时间确定整体系统的功能需求。

"工程师是很懒惰的。"他说，"如果你要我设计一个东西，首先得讲明它的功能需求，以及如何鉴定我的设计达到了这些需求。然后，我当然是用最简单、成本最低、风险最小的方法刚刚好达成你的最低要求。我不会多花时间、多花心思去设计更复杂的玩意，那不仅没意义，反而可能造成预算超支。"

这可是我从来没想过的。如果要设计一个非常复杂的系统，这些功能需求犹如是工程师与顾客之间的契约。我作为工程师的义务，只是达到契约的最低底限，不会浪费任何多余的资源去做无关的设计。

这听起来很有道理，但是要讲明我们行星探针的功能需求并非易事。例如讲到如何让探针测量地表的波动时，一开始我们陈列的功能需求如下：地震仪必须在0.1~0.003Hz的频宽中，敏感度少于2ng/rtHz。"

霍夫曼马上问我们："你们需要用地震仪吗？还是只要能达到这个敏感度的任何仪器都能接受？"我们想了一会儿，觉得有道理，就把"地震仪"改成"波动测量仪器"，以免为自己预设立场。

繁复设计不如极简思维

我们每星期都会和资助我们项目计划的公司与机构沟通，确定我们列出的功能需求可以满足他们的需要。确定了功能需求后，我们把全班同学分成几个小组，每一组研究及设计不同的系统，如结构、负载仪器、温度控制、电源分配、通讯、飞航控制等等，就像美国太空总署总部设计太空任务一样。

我被分发到温度控制小组，我们负责研究"如何不让探针融化附近的冰"以及"如何让里面的仪器不因过冷而失效"这两个问题。

一开始我们的想法是，若要在周围环境的气温大幅波动下控制探针里的温度，那么我们必须有一个能在天冷时提供热能的暖气，以及一个能在天热时让仪器冷却（就像我们居家环境一样）的冷气。

但结构组马上抗议：探针那么窄，里面要塞入很多仪器，哪有空间给我们放冷气和暖气？电源分配组也来抗议：暖气十分耗电。他们的电池容量在许多电子仪器的需求下非常有限，顶多只能拨给我们0.5A左右的电量。

于是我们做了更详细的研究，发现如果把探针充分隔热，可在严冬时用电子仪器本身散发的热量来为探针内部保温。而夏天时若要避免系统过热，则可在探针外部开孔，利用自然通风的方式使内部热气散发到空气中，如此就不会造成周围的冰融化。通过这项设计，冷暖气都不需要了，也不需要用到电。

由于隔热层需要用到很多空间，我们一来与结构组协商以争取到更多空间，二来尽量选择隔热度高但价格不会超出预算的隔热材料。同时，我们也一直对负载仪器和电源分配组施压，请他们尽量选择可以耐寒的仪器及电池，让我们向下延伸可接受的温度范围。

最后，要来验证我们的设计了。我们买了一个冰库，用钢管当作行星探针插进冰里，里面电子仪器的散热系统则用简单的电阻器来模拟，接着将电阻器和冰库的温度调高调低，可以控制周围环境及探针散热的形态。我们在钢管里外都插了好几支温度计进行测量，因此我们得以证实在什么样的情况下，设计的散热系统就会失去功能，使周围的冰开始融化。

后来我们也发现，如果把大部分会发热的仪器都集中在探针冰上的位置，温度控制系统其实可以更简化，连自然通风孔都不需要了，只要在探针冰上及冰下的两个区块充分隔热就行了。

一开始我对这个最新设计有些失望，而且还有点嗤之以鼻，我以为工程学是很复杂的，却竟然用那么简单的隔热层就解决了，会不会因为过度简化而被扣分？

"我在太空总署的生涯里，看过很多精美复杂的航天飞机设计。"

霍夫曼说，"航天飞机可能是一个满足太空任务需求的实体表现，但复杂的航天飞机从来就不是太空任务的基本需求。如果你们做了彻底分析和实验，能够说服我你们的设计达成原来说好的功能需求，那么你们的任务就圆满完成。"

最终，这堂系统设计课逼着我们思考的是一种极简的工程设计理论，把我们从一开始需要冷暖气的温度控制设计，一路简化到只需几个策略性的隔热层，这对于我之后在发展中国家资源受限的环境下所做的工程设计可说裨益良多。

创造高CP值设计

上完了系统设计课，我以崭新的眼界重返救护车病人舱的温度控制难题。

首先，我开始列出救护车的功能需求。我发现温度控制是重要需求之一，但电池不是。那么，现有科技以及我们先前的第一项设计为什么那样在乎监控电池的电力？

原来，现有科技起初多是根据警车或消防车而设计的。这些车子常常停在外面几个小时，不仅需要保暖，还得靠电力维持车内的通讯设备与紧急灯光。因此当这些公司开始推出救护车的产品时，系统设计都是由警车或消防车的功能需求复制而来。

可是当我们把救护车停在外面时，每个人都佩戴上无线电设备，根本就不需要电力维持车内的通讯设备。在非紧急停车时，我们也用不到紧急灯光，若是遇到急救状况需要用到时，通常也仅是十几二十分钟的时间。倘若抛弃这项电力功能需求，我们的系统设计可以简化很多。首先，我们可以把热源从棘手难搞的病人舱暖气系统，转移到前方驾驶舱本身的暖气系统，如此操控可以简单很多。

当我向我的救护车长官提起这个想法时，他的态度十分质疑："前舱的暖气离病人舱太远了，我觉得要把它当成可行的热源来用是行不通的。"

于是，我决定做一个简单的实验。

一个冬天早上，当救护车停在外面的时候，我在车舱内装了两支温度计，然后刻意关掉引擎，不提供暖气。我小心翼翼地监控着温度计，让病人舱内的温度不至于降到最低范围之下。

首先我发现，即使车外温度是冰点，整个车厢很大，引擎熄火后，病人舱要花一个多小时才会冷却到最低温度范围（平常我们停在外面的时间顶多只有半小时左右）。而当我启动引擎后，发现即使只用驾驶舱的暖气，还是可让病人舱每分钟加温约0.7℃。因此推算，等到舱内温度冷却一个多小时后，只要引擎空转二十分钟，就可以恢复舱内原本的温度，之后又可以把引擎关掉一个多小时，以此循环保持病人舱的温度。

我们提出了一个既简单又便宜的防止救护车空转引擎系统的设计。相较于现有上万美元的系统，我们的系统只要不到八百美元（包括工时）。我找到一个愿意帮忙安装的汽车修理工，在圣诞节假期时把MIT救护车送去安装完毕，后来也成功测试了功能。虽然这个简单的系统并非十全十美，有些地方还需要改进，但算是以最简单、最廉价的方式达成救护车队的基本功能需求。后来别的救护车队也听说了我们的系统，写信来问如何安装。

这个系统因此成了一种新发明，申请了美国暂时的专利。现在，我们也在和一些救护车产品公司商谈，看看他们有无兴趣与我们合作，授权并经销我们研发的科技。

救护车队中曾有同事对我的系统嗤之以鼻，他认为我用的都是现成零件，又是找汽车修理工帮忙代工，看起来不复杂。但我从系统工程学到的是，为什么做个系统一定要很复杂？我想重点是，这个系统能不能有效解决问题。

当然，能让我有这样的成长，最要感谢的还是MIT的救护车队，愿意把救护车给我做实验，还愿意花钱安装我的系统。想当初我加入救护车队时，只想多学习医疗知识和经验，后来会待下来的原因是发现这个活动使我的领导与沟通能力都获得了绝佳的训练。最后我也发现，MIT救护车其实是学生创新的温床，只要有意愿，每个学生都能在救护车的科技系统留下属于自己的印记。

○ *校园放大镜*

MIT的恶作剧

在MIT虽然课业繁重,但很多学生喜欢恶作剧;不,我说的不是小顽皮之类的玩笑。这个词的英文叫hack,是一种具有工程性、强烈MIT特色的恶作剧。

两个MIT经典恶作剧

举例来说,在1994年,MIT的校警发现有一辆警车忽然跑到麦克劳伦大圆顶上头(后来移到史塔特中心)。警车的车灯在清晨中闪耀,车里有个假人警察,有一支玩具枪及一盒甜甜圈。车子前方还有一张罚单,说这辆车非法停在此地。

等到上午10点,工人终于把警车弄下来时,这个恶作剧已经上了世界新闻了。至于究竟是谁设计的、如何策划的、怎么弄上圆顶等,至今仍是个谜。

另一个例子则发生在2006年4月,当美国各大学正邀请被录取学生参观校园时,加州理工学院校园内具历史性的炮台忽然不见了。过了几天,MIT在招待获录取新生时,这座炮台竟出现在MIT校园中。炮台上多了一枚MIT的校友戒指,炮头还指向加州理工学院。

加州理工学院马上派人把炮台搬回去。直到今日,MIT的校园还保留一个纪念碑来描述此事。

这就是有MIT性质的恶作剧，其中有几条重要的法则：

一、不留下自己的踪迹；

二、不破坏东西；

三、不用蛮力；

……

讲究的是问题的复杂性及以工程解决方案的优雅性，就像解一道数学考题或工程题一样。

从理论上来说，这些恶作剧大多是违法的，但MIT和警察几乎是睁一只眼闭一只眼。有一次，一个朋友耍了一个恶作剧，有位MIT校警错过了这场"盛事"，事后还要我朋友传照片给他看呢。

洗澡间快闪恶作剧

2011年，以前送我去乌干达的美国无国界工程师协会的MIT分会，正在和MIT商学院一个叫作Sanergy的新创公司合作，为肯尼亚的贫民窟设计一种便携式、低价的洗澡间，缘由是贫民窟很多妇女在工作一天之后，夜里因为害怕被骚扰而不敢去公共澡堂洗澡。我们设计的洗澡间可以盖在住家附近，由当地妇女经营，这样就能提升贫民窟的生活及卫生质量。

学期要结束时，我们测试不同系统的工作已大功告成，但没有地方组装成品。

"快期末考了，很多学生一直待在学生中心不肯回家洗澡。"有人说，"现在那里的卫生环境不见得比肯尼亚贫民窟好。我们干脆把洗澡间安装在学生中心好了。"

我们觉得这是很好的恶作剧，虽然比起上面两者还不算顶级的恶作剧，不过还是可行的，一来能验证我们的组装过程，二来也揶揄了MIT学生中心的考生。

首先，我们得选对日子。由于当时MIT的校报是每周一刊，我们和校刊里的一位编辑串通好之后，决定周日晚上执行。

困难的地方是周日晚上虽然人不多，但学生中心还是有很多在读书的学生，如果我们要把零件搬到现场组装，就会太醒目。可是若在别处先组装好洗澡间，一来搬移非常笨重，二来进出学生中心会引起他人的注意。

我们花了一个多小时在学生中心勘查地点，发现后方有个很老旧的货运电梯。周日晚上应该没人会来送货，因此进出的人不会很多。如果我们能在那里组装完成，就能在五分钟内推出来安置在学生中心。

那天晚上，我们几个人都穿着黑衣或戴着墨镜，晚上11点45分在实验室集合，其中一人在货运电梯那里把风。我们把较不起眼的零件由不同的人在不同的时间带入学生中心，最后在货运电梯集合，花了一个多小时组装起来，再推去学生中心，任务一完毕，我们马上一哄而散。

隔天早上,学生中心出现一个新的洗澡间,而它一直待到周四才被拆掉。快闪厕所恶作剧任务,成功达成!

后来,美国无国界工程师协会在暑假时,去肯尼亚的贫民窟实地测试我们的洗澡间设计,最后在四个地方安装了洗澡间,由当地妇女管理,洗热水澡十先令(约合人民币1元),洗冷水澡五先令。有人因此一天就赚到了约一百先令。

而原来和我们合作的Sanergy,后来成为肯尼亚一家颇有名气的厕所公司。

第七章
商业顾问初体验

在MIT媒体实验室附近一条岔路，左边是通往理工系，右边则是往斯隆（Sloan）商学院。为了怕人不认路，有学生好心地做了一个路标。

没错，左边是往"微积分"，右边是往"真人"。这大概是商学院学生的恶作剧，但也有其真理存在。当我是博士生时，也常常对"真人"的生活感到好奇和渴望，因此我打算去商学院修一堂课看看。

斯隆商学院的特殊之处是它的"行动学习"方案（Action Learning），没有固定的教科书，也没有考试。这门课是让学生组成顾问团，帮助企业解决现实的问题，学生从自己的团队及个案中学习，而整个课程也从历届学生的经验中学习。"行动学习"有许多不同的主题，包括中国公司、印度公司、新创公司、数位经济公司等，学生可以依自己的喜好去体验不同的行业。

我在"行动学习"方案里选了一堂"世界卫生"（Global Health Delivery）的课程，该门课的讲师与很多印度及非洲医疗卫生组织已合作多年。

和我组成顾问团的是尼拉夫（Nirav）、亚历克斯（Alex）和西德尼（Sydney），三位都是斯隆商学院一年级MBA学生；尼拉夫以前是麦肯锡（McKinsey）的顾问，亚历克斯曾在上海为大型公司提供业务解决方案，而西德尼创办了一个青少年体育公司。我看了大家的履历表直冒冷汗，因为我那时除了教学和研究经验，没有其他资历可以写。我不仅没有当顾问的经验，连在学术界之外的工作经验也没有，觉得自己是个冒牌货。不过转念一想，这不过是一堂课，而我是来学习的，不是来应征职业顾问工作。

为什么免费看诊不受欢迎？

我们的客户是肯尼亚的一间诊所。这间诊所每年为奈洛比市一处贫民窟的居民提供医疗服务。他们的疑问是：服务是免费的，但是为什么来看病的人不多（约只有两成），大部分的居民都选择不去看诊（约六成以上）？

我们在2~3月期间针对肯尼亚的医疗系统及病人就诊行为尽可能搜集资料，汇整成了一张幻灯片。3月中（MIT春假时），我们去奈洛比两个星期。第一天就来到这间诊所，并且花了几个小时观察不同的医生，看他们如何诊断病人。

我们在现场立即发现诊所的情况和我们想象的不太一样，例如免费服务只提供给定期参与健康问卷调查的家庭，其他未参与问卷调查者则须付费；凡参与问卷调查的病人都有一张电子会员卡，而没有参与的病人的就诊资料全都是用纸本填写。其中的差别待遇很明显。

我们回到在奈洛比下榻的公寓，马上开始讨论第一天的所见所闻。

"这并不是我们当初想象的一个单纯帮客户成长的挑战。"尼拉夫说，"显然情况更为复杂。"

"我觉得我们不应该把原先准备的幻灯片给他们看。"亚历克斯说，"那个天真无知的幻灯片只会让我们丢尽了脸。"

"我们要如何继续帮我们的客户呢？"西德尼问。

"我觉得我们必须再多聆听，才做决定。"尼拉夫说。

之后的几天，我们刻意把原来准备好的"框架"丢掉，只字未提，也抛弃一切假设。我们只是聆听诊所不同人的观点。

接下来，我们打算亲自面谈一些贫民窟的家庭，听听他们就诊（或不就诊）的决定。因此我们制作了一份调查问卷。诊所也介绍了几位当地社区的志愿者给我们，帮我们把这份问卷翻译成史瓦希利文。

那天下午，我们和志愿者坐下来，逐题讨论问卷的架构。一开始的情况十分不妙，我们花了很长时间解释我们的用意，但志愿者们不是很了解，并且他们也有自己的意见，结果演变成双方无法达成共识的僵局。

最后，我们建议把不同意之处延后讨论，先敲定整个问卷再说。之后，进展便顺利了许多，他们对我们的意图更了解了，也在问卷里反馈了更好的问题。

进入贫民窟找答案

隔天,我们分成四个小组,一个人跟着一个志愿者去和不同的家庭面谈。我们在志愿者的指引下,进入了贫民窟的中心。那里的房子一格一格的,周围是黏土夯成的墙,屋顶是用铁皮覆盖。因为没有窗户,室内非常阴暗,有时只靠一盏煤油灯。一两平方米大的空间既是厨房,也是带有小电视的客厅,还是挤着父母与四五个孩子的卧室。

我们的人从问卷问题导入,随行的志愿者则用史瓦希利文翻译给面谈者,再把答案译成英文给我们做笔记。

尼拉夫是我们当中速度最快的,大部分照着问卷去问,常常十到二十分钟就结束了。我大概是四人中的"慢郎中",有时候就面谈了近一个小时。

"你都和他们谈什么啊?"当大家等我结束时,亚历克斯问我。

其实我常常偏离问卷的剧本,因为有时面谈者会提到问卷里从来没想过的事。例如有人提到生病时去的不是诊所,也不是药局,而是去找巫师治疗。"巫师"不在我们问卷的选项里。我不愿只是敷衍了事地在"其他"选项下打钩,因此又多花了十几二十分钟想要多了解有关巫师的情况。

另外,有个家庭认为我们代表的诊所是一个邪教中心,原因是诊所的徽章是一支蛇杖。这在西方文化中虽然是很普遍的医疗徽章,然而在贫民窟里,谣传诊所的医生都是崇拜蛇的巫师。

"上次我去看诊时,他们抽了我的血。"一位年长的爷爷说,"我不清楚他们拿我的血去做什么。"

这些状况完全出乎我们的意料。我们因此一边面谈,一边对问卷内容做些更新,以便得到我们更想知道的信息。

不过这些出人意表的答案只占极少数。总之,在面谈了七十多个人后,我们发现绝大部分的人之所以没去这间诊所,主因是他们不知道有提供免费服务,或是根本不知道这间诊所的存在。知道诊所的人,绝大多数给予了极高评价。

我们把观察与问卷结果整理归纳后,最后提出了我们对诊所的建议,例如减少对非会员的差别待遇、有更明确的定价、做更积极的推广等。同时我们也办了说明简报向诊所的管理人员汇报。

我虽然没有从事商业或营销的经验,但最后运用了我的方向感,制作了一份简单的地图,标示诊所的位置在哪里。地图看似简单,但也花了好几天的时间,因为贫民窟的道路弯曲分歧,而且都没有路名或明显标示。有时,甚至连当地的志愿者来到某个路口,到底要左转还是右转都有不同的意见。

城乡贫富悬殊大震撼

虽然我之前在MIT的支援下已经去过非洲两次(乌干达及加纳),可是这次的肯尼亚之行和我以前的经验完全不一样。之前,我大部分的时间都待在乡下,在城市的时间顶多两三天。乡间生活非常纯朴且安全,例如我可以把照相机放在乌干达诊所外面一两个小时，也不怕被偷走。

反观在奈洛比这种大城市，尤其是贫民窟的社区，我们每天出门一定要有当地人作陪。在我们深入贫民窟进行面谈时，志愿者往往下午五点半后就叫我们收工，赶快离开贫民窟，因为这里白天虽然很热闹，天黑之后又是另一个模样。

有一次，尼拉夫因为不满白天贫民窟的男人都出去工作，我们的受访对象大多是家庭主妇，因此提议利用晚上面谈男性受访者，但立刻就被诊所以安全考量为由而制止。

由于非洲乡下的居民普遍生活贫穷，所以我在乡下担任义工期间，也是每天和大家吃同样的食物（大部分都是素食，因为肉很贵），上的是茅坑，晚上工作必须戴头灯（因为常常没电），有一次还连续两个星期无法上网。

这次在奈洛比，我们住的地方虽然离贫民窟只有五分钟的车程，但我们的住所是一个四层楼公寓，有水电，还有女佣服务，楼下的出入口还有一个拿着步枪的警卫二十四小时在站岗。从这栋公寓往外看，可以看到不远处坐落着豪华的五星级酒店，以及物价不比美国便宜的高级购物中心（都有荷枪实弹的警卫）。每天晚上，我和顾问团队都坐出租车出门，去不同的餐厅品尝不同国家的佳肴（我是在肯尼亚首次尝到并爱上埃塞俄比亚料理的），有时还和同事喝酒或抽水烟，午夜过后才回到公寓。你可以在奈洛比尽情享受世界上任何豪奢的生活，只要你有钱。

换言之，若说以前在非洲乡下工作时让我体会到什么叫"贫穷"，那么这次在奈洛比的经验，则使我体会到什么叫"贫富差距"。

眼界大开，出路更宽广

离开之前，我们举办了庆功宴，邀请所有帮助我们完成案子的人。尼拉夫和我去超市采买啤酒时，我这个不识相的理工学生打算问他这个资深职业顾问几个具挑战性的问题，也就是：我想知道"微积分"和"真人"之间的区别。

"我是全职研究生，年薪三万多美元。"我跟尼拉夫说，"可是我看你们这种年纪相仿的顾问，赚的钱却是我的两三倍。你们的薪水为什么那么高？"

"我想那是市场给的价格吧！"尼拉夫尴尬地说。

"顾问给市场带来的价值到底是什么？"我追问着，"我觉得这两周为诊所做的一切，并没有很多独一无二的地方。他们只要有心就能自己做，不用支付顾问公司昂贵的费用。"

尼拉夫思考了一会儿，说："我觉得有两个价值存在。第一是我们可以空降到一个组织，在短时间内完成惊人的工作量。如果这间诊所自己来，你觉得需要多少时间才能完成七十几个面谈？"

我无语，因为我心里有数，可能永远无法完成。

"另外，"尼拉夫接着说，"好的顾问是通才。每家公司的处境都不同，虽然顾问不可能具备所有需要的专精知识，但他了解如何在短时间内寻觅到重要的信息，并加以整合。他必须知道何时得顾及大局，何时得专精。能把这两者都做得好并让顾客满意的顾问，市场上并不多见。"

"我觉得我自己并不能当很好的顾问。"我说。

"为什么？"

"从这几天观察下来，我发现我发言的时机常常不妥。有时我讲的都被人忽略了，似乎是我的想法或观点奇烂无比。好像诊所的主管对我也不是很高兴。"

"我个人没有理由相信主管对你不高兴。他认为这个案子及团队是成功的，而你也是这团队不可切割的一部分。"他说，"例如，西德尼就满欣赏你思虑周全的发言，我也觉得你过去在非洲的经验对这个案子的帮助很大。"

"你看我以前工作过的顾问公司，"尼拉夫继续说，"里面有各种不同背景的人，也有几个像你一样是理工科毕业的博士，但这不表示博士不能当好顾问。"

我同意这个案子十分成功。至于我个人对于这支团队的贡献多寡，我也不必去追根究底了。有时，我可能对自己的要求太高了。在医学界里有句名言："首先，不做伤害。"我记得去乌干达时，因为之前完全没有与发展中国家接触的经验，犯了很多低级的错误。而这次，我也是以一个新手顾问的身份去尝试，因此只要我的行为没有明显脱轨而对这个案子造成损害，就是万幸了。我要感谢MIT允许（甚至鼓励）我这个没经验的学生来消费商学院的名誉及品牌，把业界顾客当作学习的机会，让我有此千载难求的经验及荣幸。

实验室技能亦可跨行应用

我从这趟顾问之旅中发现，这其中并没有非常深奥难懂的原理，而是必须接受若干年的商业课程养成训练，才练就出顾问的专业技能。诚如尼拉夫说的，当一个好顾问不容易，但其中在短时间内寻找关键信息、掌握全局等能力，不是也和我做博士研究时所学的互融互通吗？

因此我发现，"微积分"和"真人"之间的界线可能是虚假的。至少，它可能是我自设的，而不是MIT为学生设的。以前我对于博士生抱持着死板的观点，认为毕业之后只能进学术界，若要转到其他行业，必须砍掉重练。其实在实验室学到的很多技能，也可以应用到别的领域，今天是博士生，不表示明天无法转为顾问、金融分析师，甚至律师。当然，要转行都必须另外下一番功夫，但这些功夫看起来似乎没有想象的那么可怕。

总之，这趟肯尼亚之旅让我满载而归。我在肯尼亚结交了许多新朋友，也体验到当一名真正的顾问是什么样的体验。另外，当我走在贫民窟时，不知道为什么，在我脑中挥之不去的景象是路边一桶桶销售的木炭。

虽然木炭和我在诊所做的案子无关，但当时我想，回到MIT之后，我要好好研究一下这木炭的缘由。那时从奈洛比回到波士顿的我，万万没想到在商学院个案中偶然看到的木炭，将会彻底翻转我的人生，并将主宰我未来六年在MIT的命运。

危机及转型
PART 2

第八章
博士生"中年危机"

"我有件重要的事想向大家宣布。"二年级时,我的老板在实验室的聚会上忽然说。

我们从来没听过教授用这种口气和我们说话,因此每个人都竖起耳朵听。

"我已经决定接受荷兰研究院所长的职位,将于2012年9月就任。"他继续说,"这个机会可以让我领导这个研究院迈入新的方向。届时我将辞去MIT教授的职位。"

喔,我来算算看。我2009年入学,2012年就是四年级生,博士研究平均五六年才能结束。我开始紧张了。

"对实验室的新进研究生来说,"他瞄了我和其他同事一眼。"这可能会影响到你们的未来。所以,下星期我想和你们每个人一对一谈谈各自的计划。"

会后,大家议论纷纷。

有位同事的朋友也经历过类似的事情,指导教授中途离开了MIT。据同事所知，当教授离开时，还没毕业的研究生可能有两种选择，一种是跟着教授去荷兰（但毕业时还是拿MIT的文凭），另一种是继续留在MIT做完研究（但教授已不在此地指导）。

"如果老板离开MIT后还让实验室继续开着直到学生毕业，那实验室岂不变成无头苍蝇？"一位年长的同事说。

"不知道这只无头苍蝇可以维持多久。"另一位同事回答。

大家议论纷纷，但我没心情再听下去了，便回到宿舍，感到很沮丧。

当初我选实验室时，放弃了更令我兴奋的实验室，而选择了这个看来较安全稳定的地方。我一心一意想走我所崇拜的偶像彼得的道路，在稳定的实验室做出驰名国际的研究。然而世事无常，我还是遇上了抉择。

"与其说是灾难，倒不如说是转换跑道的良机。"我脑袋里忽然冒出这样的声音，"说实话吧，你对自己现在的研究一点兴趣都没有。"

我听到这个声音有些吃惊，然后感到非常害怕。我是一个勤劳上进的研究生，每个周末都到实验室工作，凭什么说我对自己的研究没兴趣？我脑子里的这个声音是邪恶的鼓吹者，怂恿我要造反叛逆。我试着压抑这股声音。这一定是我听到教授要搬家的消息后暂时抑郁的情绪而已，过几天就会恢复，我如此安慰自己。

"我对自己的研究是很感兴趣的。"我大声告诉自己，"我也会很努力地和老板继续做下去。"

没有一个人专心

隔天,我和实验室的学长史提夫(Steve)喝咖啡,谈到此事。

"你决定要跟着老板去荷兰了吗?"他劈头就问我。

"没有。"我回答,"我想继续跟着教授,但是我可能会选择留在MIT。"

"我了解了。"他若有所思地慢慢回答我,"你如果选择留在MIT,我觉得最好还是离开老板的实验室,重新去找感兴趣的研究室。"

"这是什么意思?"我吃惊地说。

"你如果真对老板的研究有兴趣,肯定会死心塌地想跟他去荷兰。"他回答,"可是如果你还想待在MIT,就表示你在这里还有其他的可能性。你必须去发掘这些可能性。如果你继续待在老板的MIT实验室,不会有好下场的。"

"为什么?"

"因为这里的实验室环境会在他离开后变得很糟糕。一个好的博士研究在最理想的环境下已经够艰难了,若再加上教授离开MIT的变因,我觉得你不会做出好的研究成果。你会变成孤儿。"

"我想待在MIT是因为这里的资源比较多,而且我看到很多同事都会留下来,难道我不能和他们一起做实验吗?"

"不,你想待在MIT是因为你留恋这里的课程,以及其他会让你的研究分心的课外活动。"

"难道研究生不能有实验室以外的生活？我在MIT也有自己的朋友，难道我要弃他们而去吗？"我问他。

"你说的一点都没错。每个人在这里都有很多活动，都是忙碌得要命。"史提夫继续说，"但研究是你最重要的任务，不是学校的资源、课程、校外活动，或是你的社交圈。"

"我的同事也一样修很多的课。"

"我知道。你们这一届的博士生没有一个人专心。"

我沉默了片刻。"你觉得老板知道吗？"

"老板不常进实验室，他大概不知道。但这是迟早的事。当你们的研究迟迟没有进展时，老板迟早会来找你们谈话的。"

"你凭什么知道我的研究会没有进展？"

"根据我个人经验。"他说，"你和年轻时的我很像。"

"那你会和老板去荷兰吗？"

"不会。我已经在和另一位指导教授谈了，希望能转去他的实验室工作。"

博士之路，产生不确定性

那晚回到宿舍，我陷入了深思。我仍不大同意史提夫的说法，认为他的观点有些偏激，他对实验室要求的忠诚度太高了。不去荷兰，为什么就表示自己不能专心地和老板做研究？对我来说，去荷兰的代价太高了，我必须舍弃在波士顿的一切!

可是在和他的谈话中,我对于自己的信心也开始动摇。或许我该向自己坦承,我其实不如我想象中那样对自己的实验充满热情。

其实,我这时候已逐渐进入博士生涯中名副其实的"中年危机",只不过我自己当时并不知道。

我敢说,这是绝大多数博士研究生在入学后第二年至第四年间都会碰上的危机,是一种对自己读博士的选择开始产生怀疑的危机。就我本身的案例来说,教授宣布要离开MIT一事无疑是这个危机的催化剂,让我在选择跟随教授去荷兰或留在MIT之间,开始怀疑当初选择读研究所的决定。

很多博士生一开始都是因为向往学术界的气氛,可以自由自在做自己有兴趣的研究。学术之路十分清楚,博士毕业后,做几年博士后研究,被某所好大学聘为教授,然后努力做更好的研究,最后升迁为终生教授职务。这是一个稳定自由的生活。我当初申请念研究所,也是抱持同样的态度。

但是有时候,博士生会在做了一两年的全职研究后发现,其实自己对于研究与教学并没有那么热衷,无法想象未来三四十年都过着类似的生活。因此,对于学术这条路失去了兴趣。

即使是对学术仍保有兴趣的博士生也会发现,这条路看似简单,却是一条艰难无比的窄路。好质量的实验及刊物发表,必须经过多年努力才可能有所成,还不担保最后一定会成功。在美国,终身教授的职位十分有限,而且竞争激烈。例如,根据2015年的统计,每一百位MIT毕业博士生当中，只有二十八位继续成为博士后研究员或教授。很多人因为在等待教授职位的缺额，而常常做了六七年的博士后研究，不仅薪水低、生活没保障，万一后来没拿到教授的职缺，年近四十还需出来找别的工作。当初看起来非常安稳的生涯选择，此时此刻显得风险格外大，有很多人此时才觉悟到自己似乎走错路了。

以我个人经验为例，我大学时期一些同学的功课成绩和我差不多，但大学毕业后去了业界（如金融、顾问、新创公司等），现在的发展看起来都比我好。有位同学毕业后本来在纽约上班，年薪十万美元以上（我的三倍），后来被公司派到波士顿来。有一天他约我看电影，结束后，我搭地铁回家，他则拦出租车（车资还是由公司支付）。

此外，我有一两位朋友做了博士研究两三年之后，因为上面所说的种种因素，毅然决然把他们原来的博士论文当作硕士论文完成，然后拿着MIT硕士文凭就去业界找其他工作了。我很佩服他们的坚决果断。

留与不留，天人交战

对于我们这些坚持待下来的研究生来说，士气难免受到出走学生的影响。我继续待在实验室研究有什么意义？若要出走，我也没有什么具体计划，以后要做什么事呢？生命的意义到底是什么？我似乎进入了人生的危机时期。

当初我只是想回答一个简单的问题："老板要离开MIT了，我要待在

MIT,还是和他去荷兰?"结果不知为什么,愈是思考,思虑的雪球就愈滚愈大,甚至探索起"我的生命意义到底是什么"。

我被这些愈来愈形而上的问题搞得有些精神衰弱了。于是,我找了实验室的同事谈谈他对实验的看法。

"我非常讨厌我的研究!"他口气坚决地对我说。

"那你为什么不去做别的事情呢?"另一位同事听到了插嘴说,"生命苦短啊。"

"我已经花了好几个学期在这个研究室了,我只想在最短时间内拿到MIT的博士学位。"他回答,"然后马上走人。"

"你毕业后想做什么呢?"我接着问他。

"我想做顾问。"他说,"我目前在MIT顾问社团和别人练习面谈的技巧。这个暑假我也想去一家公司实习,可是你们不能告诉老板这件事!"

对我而言,这听起来似乎是很好的计划。我已经来MIT努力一段时间了,舍不得只拿了一个硕士学位就中途而废,好歹也该拿到博士文凭。反观现在,即使我办了休学,但我对于学术圈以外的生涯根本毫无想法或准备,因此时机还不成熟。

既然我对自己的实验兴趣索然,以后也不见得会朝学术界发展,我就不强求自己一定要做到十全十美,只要能通过取得博士学位的门槛,能从MIT毕业就行了。有了这样的打算,我剩余的博士生涯刚好可以拿来作为缓冲期,让我提早为自己的未来做准备和规划。

安稳的选择，危机四伏

因此，我继续待在研究室工作，但我已经失去了一开始新生对于研究未知的好奇心。所以每当实验不顺利或其他因素导致我毕业进度延误时，我就会变得非常不耐烦、心浮气躁。我只想赶快毕业，趁自己短暂的青春岁月结束之前去真实世界累积经验。而我在实验室里所经历到的挫折失败，正在延误我真正的人生！

当我和老板碰面时，我说我计划留在MIT，在他的实验室里做完博士论文。但如果我觉得这里的实验环境不理想，我以后也可能和他去荷兰把论文做完。那时我想，这是我能从MIT毕业最快的捷径。

因此在考虑许久后，我选择了现况，因为现在选择改变，风险会很大，我连自己未来要做什么都还不确定，我大部分的同事当时也都做出了和我一样的选择。

这是我在MIT所做的第二个重大抉择。我以为维持现状是一种最保守、最安稳的选择，但我不知道的是，维持现状其实也有它的风险；有时候，当大环境的风向正逐渐转变时，这种选择反而可能最危险。

第九章
木炭情缘

2011年3月，我和斯隆的顾问团从肯尼亚诊所回来之后，脑子里始终萦绕着在贫民窟路上所看到的景象：到处都在兜售堆积如山的木炭。我想对这些木炭有更多的了解，于是我继续和那家诊所保持联系。诊所的人员把我介绍给当地的非营利组织领导人——阿尔弗雷德（Alfred）。

在3~9月的半年间，我时常和阿尔弗雷德用电邮联络。他说，贫民窟当地的居民几乎都是烧木炭来煮饭。可是木炭非常贵。

"我们的组织曾尝试用废纸和木屑做成一种替代性燃料，"他写道，"但不是很成功。"他把当地人用的炉子和他们制作的替代性燃料寄给我看。

"为什么不成功呢？"我问他。

"燃烧得很慢，温度太低，而且燃烧时会冒出很多烟。"当地的家庭大部分都在屋内煮饭，浓烟有可能导致呼吸道疾病。

"你觉得MIT在这方面能帮上忙吗？"他问。

"我不敢保证，但我可以帮帮看。"我说。

3月我去肯尼亚时，蛮喜欢那里的，很想再回去。那时我打的如意算盘是如果木炭研究有成果，这会是我再向MIT募款回肯尼亚工作的好理由。

求助D-Lab

我曾在D-Lab上过课，我知道D-Lab在海地研发了一些制炭技术。我想要了解这些技术是否适用于木屑之类的垃圾，所以特地去找了艾米讨论这件事。

"我们的制炭方法大部分适用于像玉米这类农作废料。"艾米说，"木屑之类的可能有点困难。"但艾米也说，她听过另一种方式或许能用在木屑等高密度的废料上，要我去研究看看。艾米把我介绍给她的同事萝拉（Laura）。

我找了一天去萝拉的办公室拜访她，和她讲起了我对制炭的兴趣。

"你知道这些木炭是从哪里来的吗？"萝拉问我。

"不知道。"

"很可能是从索马里或肯尼亚的乡下。"她说，"以前我曾在索马里工作，我看过乡下的村民把巨大的树木砍下来，埋在地底下焚烧，烧出来的炭块一包包装上卡车运走，很可能就是运到像奈洛比贫民窟这类社区。很多乡下地区，森林都快被木炭业者砍伐光了。"

她看到我在笔记本上振笔疾书，便说："但我建议你自己去搜寻资料。"

"知道木炭的来源,对我找其他科技帮这个组织炭化木屑有任何好处吗?"我问。

"你必须从宏观的角度着手,"萝拉说,"而不是只想这个组织和这个贫民窟而已。除了贫民窟以外,世界上有二十多亿的人口都在用木炭或木柴烧饭。他们的炭是从哪里来的?如果你能帮他们用废物取代木炭或木柴,你这个案子的潜力会很大。"

萝拉讲得眼睛都在闪烁,看起来比我还要兴奋。

"你知道MIT的全球挑战竞赛吗?"萝拉接着问我。

"不知道。"我说。

"这是一年一度的MIT学生创新竞赛。"萝拉说,"主要是针对公共服务的创新。获胜者可以得到最多一万美元的奖金。"

"我以前好像在海报上看过。"我说。

"我觉得这很适合你的案子。"萝拉说,"你的队伍有名称吗?"

"没有。"

"那是你手头上要办的第一件事。"

萝拉没给我想要的答案(怎么把木屑转成木炭),却给了我从没想过的观点。

首先,我要找一个队名。回到宿舍,我绞尽脑汁思考了好几个小时,最后想出一个我比较喜欢的名称——"Takachar"。Taka在史瓦希利文是"废物"的意思,而"char"则是英文的"炭",完整的意思就表示我们把废物变成炭。

然后，我研究了萝拉说的"MIT全球挑战竞赛"。历届参赛者中有位博士生发现印度苦楝树的树油具有防蚊功能，她得到奖金后，便去非洲尼日利亚进行控制疟疾的测试；还有一组学生研发了一种新的计算方式，可透过卫星影像自动化规划乡间村庄的电网系统，而这已通过印度政府进行测试。

这些看起来都是天才型的创新。我对制炭的兴趣才刚开始，到底有什么新颖之处呢？我打算先做测试再说。

引发校园火灾，虚惊一场

2011年9月，我从MIT的无国界工程师协会里找来几位学生和朋友，帮我做些科技测试。当时我们手上没有任何经费，因此必须先募集资金。最后，MIT的TechFair给了我们五百美元买材料来制作小型的原型木炭。一开始，我们常常向D-Lab的人员借用他们的材料来做测试。

一天下午，我刚炭化好一些废纸。这些废纸炭块用手摸起来只有微温，我以为它们已经冷却了，便装进塑胶盒里，带回宿舍。走着走着，忽然听到轻微的爆裂声，低头一看，发现一串火苗从炭化废纸中冒出。我赶紧走到厕所里去浇水，把火苗扑灭。

又走了一段路，发现火苗又蹿出来了！附近没有厕所，而火苗迅速点燃塑胶盒，我立刻把塑胶盒放在地上。火愈烧愈大，冒出阵阵浓烟。

这时有路人看到我的窘境，便递了灭火器给我。我第一次使用灭火器，按了一下，有很多白色泡沫喷出来，马上就把火扑灭了。而有人因为看到浓烟，拉了火灾警报器。MIT好几栋楼开始纷纷疏散人员，消防人员也来了。他们看到火势已经扑灭，就马上离开。

接着，MIT环境健康安全部门来找D-Lab的同事和我谈话。起火原因是我炭化的纸块都很厚，虽然外表冷却了，里面还是很炙热。所以，从炭化炉一拿出来，碰到空气便点燃起火了，而我也不应该把这些刚出炉的炭块放在塑胶材料里面。

"下次如果再发生这种意外，请不要用灭火器自行扑灭火势。"他们说，"我们宁可你们拉下火灾警报器之后尽快逃离现场，让消防人员处理。"

我们讨论了一些安全措施，确保这种事以后不会再发生。经过这次事件之后，我们更加小心谨慎，最后安然无恙地成功测试了一些小型炭化的流程。

重返肯尼亚，解开心中谜团

同时，我也开始计划2012年1月再去肯尼亚一趟。不仅如萝拉说的要了解木炭的使用及源头，也想去那里做些小型测试。有位学生雅各（Jacob）也有兴趣跟我去肯尼亚。因此我又回到MIT的"公共服务中心"，和爱丽森（Alison）面谈了一次，并向MIT的国际发展协会与列格坦（Legatum）中心的两个募款机构提交申请书，最后总共募到了八千美元。

2012年1月初，我如愿以偿又回到了肯尼亚，回到那熟悉的贫民窟。肯尼亚的朋友看到我回来都很高兴。但这次我不是来当顾问的，我是来探索的，我想要知道利用废物制炭能否受到当地市场的青睐。同时，我们这次肯尼亚之行的主要目的是要追溯木炭的源头，即木炭从哪里来？价格多少？需求多大？

一开始，雅各和我先做好一份问卷调查，我们想回到贫民窟的家庭，多了解他们用木炭煮饭的方式。我们再次请当地义工帮忙翻译问卷，然后带我们去和不同的家庭面谈。

我们发现，当地家庭每个月的平均收入约为三十美元，花在木炭上就要十美元，等于三分之一的收入都是用来买燃料！这真是令我们难以置信。

那么，木炭为什么会那么贵？

我们打算问问卖木炭的人。但他们生性多疑，我们花了一些时间逐渐取得他们的信任。他们说，木炭之所以那么贵，是因为在肯尼亚运输及买卖木炭是违法的。而木炭几乎是从乡下长途运到城市，运输成本本来就很高，加上沿路塞给警察的贿赂金，因此当木炭送到他们手里时，先前累积的费用已经十分惊人。然后他们又批发给贫民窟里各个小型批发商，从中抽取一些利润，所以贫民窟家庭的木炭费用，涵盖了这一切的运输费、贿赂金及交易商的中间利润。

我们观察商人和贫民家庭交易木炭的情形，也了解到不同树木的木炭有着不同的密度及温度，因此价钱也不一样。

"你们一天大概赚多少钱呢？"

"大概五美元吧！"

"木炭都是从哪里来的？"

"每周会有大卡车从乡下送来。"

这些卡车非常难追踪。但一位肯尼亚朋友认识鲁姆鲁提（Rumuruti）地区的森林协会处长，说那里有人在砍树制炭。

为了追踪木炭的源头，我们有天坐上野鸡车，来到肯尼亚乡间。去鲁姆鲁提的道路很窄，中途还得换乘摩托车。沿路的路况很不好，颠颠簸簸了约一小时后来到鲁姆鲁提，那时我觉得自己的五脏六腑已被颠得移位了。

森林协会处长热情地欢迎我们。"我们的森林每天都有人偷偷伐木制炭，砍伐速度比种树的速度快很多。"他说，"如果我们不停止，这片森林再过二十年就会完全被砍光了。"

那天下午，他带我们进入森林，沿路的地上都是砍树和制炭的痕迹。走了一千多米，我们在森林深处看见一个违法的制炭工程，一个土丘上面冒着缕缕黑烟。

我想要和他们谈。他们一开始戒心很重，但森林处长认识他们，先上前和他们聊一聊，解释我们前来的目的。

"你们制炭要花多大工夫？"我问他们。

"很费力的。"他们回答,"砍下树后必须埋在地下点火。火候要随时控制,要不然可能会烧成灰。大约两个星期后,掀开来就是炭了。"

"这样能赚多少钱?"

"这样一吨炭大概四五百先令。"这个金额约合人民币二十三元。一吨炭等于一棵大树。

"你们知道这样会严重破坏环境吗?"

"我们很了解。我们也不想破坏环境啊,但这是我们在乡下唯一知道可以赚钱的工作。"我们又问了其他制炭交易的情况。

森林处长忽然提醒我们:"天快黑了,我们得赶快回去,刚才好像听到大象的叫声,希望回去的路上不要碰到大象。"

后来,森林处长说,这里制炭的理由是因为大家都太穷了,没有其他就业机会。"你们MIT研究的废物制炭方法如果可以帮助当地人带来收入,我相信他们会放弃砍树制炭的。"他说。

"你们当地有没有农作废物?"我问他。

"有玉米梗及玉米叶。"

"那我们可以试试。"

废物制炭,造福贫民

隔天,我们把制炭反应炉的模型画出来;我们的反应炉是根据D-Lab的设计改造而成的,所需要的铁桶、钢板等材料在当地都找得到。我们请当地的焊工帮忙焊接，结果一天就做好了反应炉，只花了约二十美元。

接着我们把一些玉米废物放进铁桶，小心地在下面点火。一开始有些浓烟冒了出来，但不久就没烟了，窜出的是红色火焰。我们用铁盖盖住火焰，让里面冷却。一个多小时后，我们打开盖子，发现里面的玉米废物成功被炭化了。然后我们把炭化的玉米废物压缩成一个个炭块，放在炉子上点火，真正地用它们煮起食物。

森林处长和村民看到都非常兴奋。之后几天，我们也在邻近的两个村落重复展示这个制炭技术。处长说他们会有计划地把这个技术推广到附近七个村落。

我们待在鲁姆鲁提的时间很短暂，马上又回到奈洛比，剩下的时间就研究这种制炭技术是否适用于城市的废物。因此阿尔弗雷德的组织马上把我们介绍给旗下一个垃圾管理的青年组织；肯尼亚有很多这类青年组织，一组约十到二十人，像合作社一样，负责各种不同的但能获利的活动，例如洗车、做首饰等。那时肯尼亚政府并未提供可靠的垃圾收集服务，因此这个青年组织每周在贫民窟附近挨家挨户收集垃圾，然后带回他们的中心进行分类，塑胶、铁罐等则卖给回收商。

目前，他们收到的有机废物（如食物、叶子）都没有适合的回收方式，绝大部分不是填埋在倾倒场就是就地放火烧掉，因此经常造成环境污染。雅各和我一起去看了他们的有机废物种类，然后想办法再尝试研发炭化这种混合废物的方式。

奈洛比遭抢，心有余悸

这次的非洲行和以前不一样，是由我主持策划的。虽然更加自由，但我一开始在人身安全上拿捏得不是很理想。

以前，我在非洲的人身安全都是由别人费心安排，这次没人帮忙安排或提醒，也可能是我去了非洲很多次，都没发生什么安全性事故，因此我的警戒心松懈了下来。这次发生的第一件事，就是我的手机在贫民窟不小心被偷了。

当我送雅各离开肯尼亚之后，我又在奈洛比待了两天。一天傍晚，我从贫民窟回家时打算抄捷径，步行穿过一个没走过的社区。

路旁有一些妇女、小孩，大家都盯着我看。我被他们盯得全身发毛。似乎我引起了很大的注意力。这时有位少年迎面而来，一直盯着我看。他绕到我身后，在路旁停下来讲电话。本来我想原路折返，但因为刚才被他看得毛骨悚然，不想再经过他旁边，便硬着头皮继续往前走。

走了约一千米，有个下坡路段，山底就是我熟悉的街道了。这时刚才打电话的少年从侧面岔路走了出来，快步穿过马路，跑到我的身后。

当我回头看他时，一个可怕的念头瞬间闪过脑海："天啊！他要抢劫！"

这时我看到他凶狠的眼光，他的左手挥着一把刀。

我离下方人多的马路已经不远了，于是拔腿就跑。这时有股力量拉住我，把我绊倒了。我恐惧得大叫，脑子里闪过的是他刀子刺入我后背的感觉。

刀没有刺下来,我却感觉到有个东西顶住我的脖子后面。他利落地拿走我放在塑料袋里的相机,快速往回跑,而我也往另一个方向狂奔而去。

所幸,我只有手肘微微擦伤。护照和钱都没放在身上,因此没事,否则后果不堪设想。

事发后一两天,我整天都疑神疑鬼,不敢单独走在街上,好像随时会有人抢劫我的财物。晚上也会做噩梦,一直梦到那抢匪狰狞的眼神及他手上握的刀。有位MIT同事以前也曾在南非遭抢,她说被抢之后,有一个月的时间不敢独自搭公交车或外出。

无论如何,这种创伤终究会慢慢痊愈。接下来几年,我仍多次前往肯尼亚和印度,也多亏了这次经验,让我学会保持警戒心了。

第十章

挑战创业

2012年2月回到MIT之后,我开始思考未来的计划。

首先,我想在暑假时再回去肯尼亚推广我们的制炭计划。同时,我也一心想赢得MIT全球挑战的奖金,用这笔奖金资助暑假的经费。

全球挑战的截止日是4月。申请时,每一队都得递交一份非常详细的两年计划书,例如,我们有什么与众不同的新颖之处?这个案子要和谁合作?在哪里举办?有哪些主要的里程碑?得到的奖金如何使用(必须附上详细预算)?两年后,计划要如何继续下去,还是等到奖金用完便收摊?

为了准备这项竞赛,我主导及拍摄了一个五分钟短片。我也请实验室好奇的同事协助我拍摄。我们和萝拉再次碰面,告诉她我们在1月学到的一切,以及讨论我们该如何写这份计划书。

"你们已经在鲁姆鲁提有一个成功的案例了,为什么不借此去肯尼亚乡间各地训练当地村民,让他们学会制炭呢?"萝拉问,"他们还可以将剩下的炭运到奈洛比卖给贫民窟的人。"

"可是我们发现,奈洛比附近有很多有机垃圾,如果我们可以成功地训练都市青年组织将有机垃圾进行分类，然后卖给我们，那么我们就可以省去从乡下运炭到都市的成本了。"我说。

"我认为在都市分类和运送家庭的垃圾，不会比把乡下的农作物炭化来得简单。"萝拉说，"不过，我鼓励你们自己先尝试之后再说。"

"另外一个问题是，我们日后的资金从哪里来？我希望不要像非营利组织一样，必须年年募款。"我说。

"你们可以成立一家公司。如果卖炭的盈余比用垃圾制炭的成本还高，就可以利用盈利来支持你们的运作和成长。"萝拉说。

考虑了各项因素后，我们决定，鲁姆鲁提的案子看起来虽然颇令人兴奋，但我们短期仍会把焦点放在和奈洛比的非营利组织与其旗下的垃圾管理青年团体合作。这些青年团体已经在收集并分类城市的垃圾，我们可以请他们把适当的有机垃圾分类出来，卖给我们做炭化，然后我们再把炭化的炭块以低价卖回给贫民窟的居民。我们可以从中获利，进而有资金能扩展业务。

校园创业的标杆

我之前并没有成立公司的想法。当时，满脑子想的只是如何能在MIT的全球挑战竞赛中脱颖而出，因此首要之务是"创新"。

"创新"和"创业"虽然不同，但两者息息相关、相辅相成。当你有个前所未有的想法，又想要把它变成现实时，创业便是一个相当好的选择。

我从"全球挑战竞赛"的过往参赛者中,看到了很多把创新和创业成功结合的先例。例如,亚摩斯·温特(Amos Winter)在2005年取得MIT机械工程硕士学位后,向MIT"公共服务中心"募款,去坦桑尼亚和残障人士的组织合作。

当时他看到残障人士用的轮椅无法在乡间颠簸的路上行动,因此他回到MIT做博士研究时,花了一年半时间去思索一个更好的轮椅设计,叫作"创新杠杆式轮椅"(Leveraged Freedom Chair, LFC)。他也在MIT开了一堂名为"发展中国家的轮椅设计"的新课程,让许多学生来研发并改进他的LFC。亚摩斯和他的学生一起去坦桑尼亚、肯尼亚及越南测试他们不同的LFC设计。测试过程中,有残障人士表示他们的设计太重、太不稳定了,他们回到MIT后,便根据这些反馈意见,一次又一次不断改良设计。

从MIT毕业后,他的博士后研究仍然聚焦在LFC上。LFC后来在2008年的MIT全球挑战竞赛中获得了首奖,也在美国陆续申请了两个专利。亚摩斯轮椅设计课的学生蒂什·史科尼克(Tish Scolnik)2010年毕业后,成立了一家专门生产制造亚摩斯轮椅的公司(GRIT),产品销往美国国内市场及海外。

蒂什现在是GRIT的总裁,而亚摩斯为GRIT工作了一阵子之后,回到MIT的机械工程系担任教授,仍为发展中国家(如印度等)做工程设计创新。

另一个例子是夸米·威廉斯（Kwami Williams），他是我在D-Lab设计课的同学（和我一起设计手动离心机的队友）。他来自加纳。记得他一直想要当火箭工程师，想要去美国太空总署（NASA）或特斯拉老板马斯克（Elon Musk）旗下的航天科技公司SpaceX等机构工作。2011年夏天，夸米和D-Lab的同学艾蜜莉（Emily）回到了他加纳的老家，遇到当地农民，发现他们在种植一种辣木树（moringa），这种植物的叶子十分有营养。农民问夸米："你们可以帮我们销售辣木树的产品来赚钱吗？"

于是，两人回到MIT后开始设计能采收辣木树叶与其树油的科技。他们发现，辣木在非洲以外的地区是一种罕为人知的树种，因此他们研发出一种从辣木树中萃取出来的植物油，号称是保养肌肤的圣品。他们在美国成立了Moringa Connect公司，并在朋友之间销售辣木油。那时我在MIT斯隆商学院认识台湾"绿藤生机"公司的总裁，便把他介绍给夸米和艾蜜莉认识。所以，现在在台湾也能买到这种来自加纳的公平贸易辣木油。

我再举一个例子。2009年，三位MIT斯隆商学院的新生去了奈洛比的一处贫民窟，发现当地的公共厕所不敷所需，很多人把粪便装在塑料袋里，随意丢到大街上，很多小孩甚至直接在街上的水沟里大小便。

于是，这些商学院的学生创立了Sanergy公司，设计了一种轻便的小型厕所。当地居民购买了一个厕所之后，就能向上厕所的访客收钱。同时，Sanergy也雇人去各个厕所收集大小便，然后处理成一种有机肥料，可以卖给当地的农民。

2011年，Sanergy团队得到了MIT创业大赛的大奖（十万美元），此外,也获得了美国国际开发署(USAID)提供的十万美元创业基金。他们于2011年从斯隆商学院毕业后,整个团队便搬到奈洛比,创立了这家公司。截至2017年7月,Sanergy已经安装了一千一百个厕所,为五万四千人提供卫生服务。

社会企业的急先锋

我们当时并不知道,这些MIT学生其实正在挑战一种新的创业极限。一般而言,MIT所熟悉的传统创业公司几乎是从发达国家(如北美、欧洲等)开始经营销售,再向海外发展。在21世纪10年代初期,几乎没有听过有哪个营利事业会从发展中国家开始经营,更意想不到的是,我这些朋友的公司除了牟利以外,还具备社会责任感,不管是增加残障人士的行动能力(GRIT)、帮助小型农民提高收入(Moringa Connect),或是提升都市的卫生服务(Sanergy),这些新创公司的核心价值都是在赚钱之余,也能同时行善。

其实,MIT一开始对这些学生去发展中国家创立所谓的"社会企业"抱持怀疑及保守的态度。记得2012年我和MIT创业中心的比尔·奥莱特(Bill Aulet)教授面谈时,他跟我说:"世界上没有'社会企业'这种东西。如果你要为社会服务,你必须先赚钱,再决定要把赚到的钱投到哪里。"

当初Sanergy去和奥莱特商谈时,奥莱特也是一开口就问他们:"你们是认真要开公司,还是只是一个非营利组织想在我的创业中心玩玩?"

不过,这几年MIT的态度也在这些学生的影响下慢慢有了改变。2016年,奥莱特的MIT创业中心新聘任了一位对发展中国家有经验的导师,2017年,MIT的创业大赛也新设了一个"发展中国家创业奖",显见"社会企业"已受到大家的注意与重视。

创业大梦初醒

我在探索用废物制炭的过程中,不知不觉就和MIT社会企业的这群人有了接触,甚至成了朋友。在他们的耳濡目染下,我的双眼被擦亮了。

以前,我不是没有接触过创业,可能是时机未到,我对创业一直兴趣缺乏。记得在MIT的早期阶段,我曾被朋友拉去听一些创业讲座。听着台上的人讲什么团队、商业计划、智慧财产、财务报表等,我听到快睡着,当然也就不会学到什么新东西。

而且,我当时对于公司和创业存在一种错误的刻板印象。我以为身为公司总裁,每天都得穿西装打着掐人脖子的领带去办公室上班,管理员工和公司业务等。我一厢情愿地认为,这些企业总裁一心只想着赚钱,以及取得更大权力来呼风唤雨。

或许某些公司的总裁确实如此,但这并不是我在MIT创业同事间所看到的。我从他们身上发现,创业的初衷是要为世界带来改变。身为人,我们通常多少不满足于现状,而对未来有更美好的憧憬。当心中存有梦想时，创业是可以把梦想在现实世界里实现的一条途径。

  2012年3月底的某一天，创业的念头在我心中蠢蠢欲动，我想或许我也可以成为创业家。因此，我们在递交全球挑战的参赛申请书时，所描述的不再是一项学生的嗜好，而是一家公司：我们要用全球挑战的奖金作为创业的第一桶金。

第十一章
脱胎换骨

2012年3月，我的Takachar制炭方案有了队名、团队和资金，看来有了一些气势。我在其他同事的影响下，也开始动念准备创业。

我在思考这一切的同时，目光渐渐看得更高、更远。

以前，我一心只想帮奈洛比的贫民窟，然而，一旦我们研发中的科技成功了，如同萝拉所说，我们能帮助的将不限于这个贫民窟，而是世界上二十多亿的人口。现在，世界上大部分的木炭都来自伐木，因此价格昂贵。想象有一种方法能把不同的有机废料转换成炭，我们不仅可以提供一种更廉价的燃料，也有助于减少世界各地的森林滥伐。

这项科技所带来的商机潜力，可以从一年数兆美元起跳。

我的心急速跃动着，这是一家新兴公司的心跳。我似乎走进了一种神驰境界，体会到一种前所未见的巨大喜悦！

找到使命感，驱策创业

这是一种发自内心的热忱：当一个人的经验（对我而言，是对发展中国家的工程设计）与本身的兴趣（对制炭的研究）相契合，又能盈利维持生计（创立公司），将会激发一股强大的使命感以及对未来的憧憬。

在这股强大使命感的驱策下，我整个人因此脱胎换骨。我以前十分内向、害羞，很害怕在大庭广众面前演讲，怕自己讲错出丑，缺乏在公众场合侃侃而谈的气势及才能。但是从2012年3月开始，每当我站在台上谈论Takachar时，我似乎变成另一个人，站在台上的是Takachar的代言人，而不是私底下害羞腼腆的我。

因为这股强大的使命感，我无怨无悔地全心投入其中。也从2012年3月那一刻起，我深信自己在这几年间所做的一切都是值得的。即使我所研发的这项科技功败垂成，或是公司不赚钱，我也无怨无悔，因为在实现使命的过程中，我所得到的经验和学习便是最好的回报。

这股强大的使命感让我进入废寝忘食的浑然忘我状态。就从2012年3月开始，每天早上起床后，我想的便是Takachar，每天晚上就寝前想的亦是Takachar。这不是一份朝九晚五的工作，而是一份事业。

因着这股强大的使命感，我仿佛被自己的天命所掌控。想当初，得悉实验室老板要去荷兰时，我常常深陷于不同的选择中而无所适从，不知道该选择什么才好。无疑，我对未来的生涯规划自然也是茫然无措。从2012年3月那一刻起，我对未来一切的选择仿佛拨云见日般清晰许多。但这并不表示我从此做决定不再犹豫，或每次的选择都是对的，抑或我的目光能看得长远，只是我发现未来几年，每当我要做重要抉择时，似乎都有一双无形的手把我推往一个既定的方向，而把其他的可能性阻绝在外。

曾经有很多人问我，我当初可以继续待在学术界，或是当顾问，或是去企业界等，为什么我那时候选择了创业？

我觉得这个问题问得不对。我从来没有刻意选择创业，而是基于一个强烈使命不得不然。我的热情被这个制炭的想法所激励，而创业是把它实践出来的最好方式。对我来说，创业是一种达到目的的手段，而不是目的本身。后来，当这股制炭的使命转变为一种长期研发的需求时，我也心甘情愿地从创业第一线隐退，改变自己追寻使命的手段。

有一位教育学者曾经问我，我们要怎么教创业，才能让学生更积极、更有热情地去创办公司呢？

这个问题就问得更不对了。有些人认为创业是可以教的，像是MIT创业中心的奥莱特教授，但我觉得授课顶多只具有辅助功能，用来帮助对创业有兴趣的人提升成功的可能性。

我深信，创业的初衷来自内心一股强烈的使命感。如果只为了赚钱或成名而创业，一旦遇到困难或瓶颈，这些念头可能不足以支持你继续前进。而这种发自内心的使命感是无法传授的，必须亲身体验。

那么，如何培养、激发这股内心的使命感呢？有些人可能从小就知道自己的志向，有人可能盲目探索了几十年后才知道，也有人心中的使命感可能会随着世事的变迁而必须重新定位。我认为摸索并确立个人志业的方法，就是尽可能广泛接触各种不同的机会去探索自己的兴趣，并尝试不同的工作体验，然后慢慢地朝自己感兴趣的方向培养优势。在我年轻懵懂时，使命感对我来说只是一个抽象概念，可是当你真实遇见了触动自己心弦的使命时,那种感觉是不需要有科学质疑的,也无需透过过去的经验来印证,那种感觉是如此真实无疑。

MIT目前给我的最好教育并不是教我怎么创业,而是通过像消防栓式的各种不同机会与资源,让我有可以咨询的导师、可用的经费,也受到鼓励,来充分探索自己不同的兴趣。从制作滤水器、研发连锁砖建筑材料、参加救护车队及当诊所顾问等,一路走来,最后选上了制炭。有了正在创业的同事作为典范,MIT让我了解到创业的初衷及其可能性。

而MIT未来几年将要给我的最好教育,便是教我如何实现我的愿景。MIT重视实践的文化,不要学生只是乖乖地坐在课堂上听课,做个只会点头的应声虫,它鼓励学生卷起袖子亲身实作,甚至有时做出一些破格的事,也在可包容的范围内。

一心二用,举棋不定

这时的我为了测试制炭技术、管理团队、暑假募款、和每个可能的合作伙伴联络等事忙得天昏地暗,但也不觉得苦,而正打算要破格的事,便是我的博士研究。

"你要小心一点。"史提夫在实验室对我说。我刚刚在实验室做了一个一小时的简报,说明我最近的研究进度。

"我们出去喝杯咖啡吧?"我问他。他爽快地答应了。

我们在咖啡馆坐定后,我劈头就问他:"你叫我要小心一点是什么意思？"

"你刚才简报中提到的数据都是在没有经过思考的情况下便摊开来给大家看，没有人看得懂你要做什么。"史提夫说。

"我自己对这些数据的表现确实有些疑惑，所以想请大家给我意见。"

"这场简报不是你争取大家意见的时机，而是必须证明你充分掌控了你的数据和研究。但听完之后，我一点都不认为你充分掌控了你的研究。"

"那你觉得我该怎样做才能改进我的研究质量呢？"

"你现在还在上课吗？"

"只剩最后一门课了。"

"还有其他业余活动吗？"

"有。可是我不知道如何跟老板启齿，我现在还经营了一间新创公司。"

"我终于了解你的情况了。"史提夫说，"你在新创公司上花多少时间？"

"每周大概十五至二十小时吧！"

"那你应该拿个硕士学位就好，然后马上去全职创业。为什么还要等博士课程结束呢？"

"我的博士研究已经走了这么远，好歹把这条路走完吧！"

"可是你才刚开始而已！"史提夫说，我那时候不是很了解他的意思。

"你要在MIT做博士研究的目的到底是什么？"史提夫继续问。

"实验室里有很多同事在准备取得博士学位的同时，也都在准备其他的职业。"我说，"等毕业之后，才正式转到其他行业。别人都可以这样做，我为什么不行？"

"我担保他们对于别的职业没有像你现在这么热衷。我认识MIT很多学生，挣扎了好几年后，好不容易拿到一个博士学位，最后还是不知道要做什么。"

"说实在的，我现在才刚开始创业，风险非常大。我还没有那种勇气完全放手去做。我宁愿抓紧我所熟悉的一切，先利用业余时间创业，试试看后再说。"

"可是你这样两者都无法专注，无法发挥所有的潜能。"

"那请你告诉我，如果我想做好一个博士研究，必须做到什么地步？"

"你必须全神贯注。它必须变成你生活的每一部分。每天早上起床想的第一件事，便是你的研究；每天晚上睡觉前想的最后一件事，也是你的研究。"史提夫闭上眼说，"如此几年下来，你会发现宇宙何等浩瀚、研究是多么困难，而你自己又是多么渺小。你会走进一种忘我的境界，而你也会因此完完全全地谦卑下来。几乎所有研究的基础贡献，都是在这种心态下产生的。"

我理解史提夫的意思，因为他的谈话在我听来，他也像是被一种强大的使命感所驱策，在实验室的研究里发现自己的热情所在。我多么希望自己也能如此热爱我的研究，不过为时已晚，我已经踏上另外一条岔路，朝我心之所向行去。

"你觉得我应该跟老板讲我创业的事吗？"

"你应该和他谈一谈。这不会是一次轻松的谈话，不过是迟早的事。"

"他会叫我退出他的实验室吗？"

"这就要看你怎么谈了。"

摊牌时刻

一个星期后，我去见我的老板，先和他谈我的实验进展。

"令我有些担心的是，你目前的研究似乎还不能独立。你已经是三年级的研究生了，不能凡事倚赖别人。"他说，"今年9月我就要去荷兰了，这个MIT实验室只能再开两三年，之后就得关闭。我们必须让你在那之前可以准备好毕业。"

"史提夫已经跟我说过这件事，我也在努力改善，让自己在实验上更专注。"我说。

"你现在还有在上课吗？"老板问。

"只剩最后一门了。"

"你还有其他的业余活动吗？"

这场谈话完全是照史提夫一周前的剧本演出。此时此刻，我多么想即兴地偏离剧本，插入一段小小的谎言。我有一些同事私底下都瞒着教授准备其他的职业，甚至暑假偷偷跑去别的公司实习。我为什么不能像他们一样呢？

可是，这时我脑子里只有一个很单纯但很有权威的声音说道：你不能欺骗老板。

我深吸了一口气后，便直言不讳地开口说："我现在同时有一间新创公司。"

第十二章
豁然开朗

日期：2012年4月11日21点19分
主题：实验室外的专业活动

亲爱的大家：

我想提醒大家，你们是实验室的全职员工。因此在全职以外，不允许还从事任何其他专业活动，例如兼职新创公司或研修与研究无关的课程。这不仅对你们的研究进度有害，而且浪费纳税人的钱。这是违法行为。我相信这不适用于大多数人。如果你符合上述条件，你必须和我谈谈。

我们从未看过老板用这种口气写信给我们，大部分不知情的人都在议论纷纷。

杀鸡儆猴

有一位实验室的博士后研究员也在大家不知情的情况下兼职经营自己

的新创公司，还以为老板的矛头是指向他。他事后向我透露，他那天几乎整晚没睡，一直在计算机上钻研他的MIT职员合约书，想知道自己到底有没有触法。

两位曾协助我录制Takachar影片的实验室同事也吓得几乎魂不附体，马上问我有没有供出他们的名字。当我担保没有这么做之后，他们都松了一口气，立即跟我的创业项目切割开来。但其中一位不仅帮助我创业，也修了数堂管理课，考虑过后还是去跟老板自首。她说老板原谅她了，不过老板对我还是很生气，听起来他会要我在研究和创业之间做选择，她提醒我小心一点，一定要步步为营。

那晚读了老板的信之后，我的整个背脊发凉。当我对老板透露我创业的事情时，我知道自己情节重大，但仍天真地希望他能够理解并网开一面。然而那封信的措词强硬，几乎有一种杀鸡儆猴的意味。所以，我打算找女友谈谈这封信。

"看来你走到人生的十字路口了，"她淡淡地说，"会发生这样的事其实一点都不令人惊讶，你必须做出重要抉择。"

我跟她说我打算暂缓创业，努力完成博士研究。老板要搬回荷兰，是好是坏，反正我三年内可以毕业。

"我求你不要再继续做这个研究了！"她突然变得很激动，但语气坚定地说，"你的心根本不在这上面，简直是浪费时间。倘若三年后真的毕业了，你只不过在拖延现在必须做的选择。"

"难道我不能拿一个博士文凭吗？三年半了，我的研究已经走了这么远的路，现在如此草草结束，不是太可惜了吗？"

"十年后会有人在乎要称呼你宫先生或宫博士吗？况且，我不觉得你在这项研究上走了多远的路……你才刚开始！"这句话对我有如醍醐灌顶。我不禁反思自己在过去三年多的时间里，心有旁骛，让我无法全心专注在博士研究上，地基也打得不够深。我认为我在研究之路上已经走得很远，其实只是在欺骗自己罢了。

最后我问她："如果你是我会怎么做？"此时，我只感到极度恐惧和焦虑，根本无法静下心来思考。

"把你现在的研究写成一篇硕士论文毕业，使你的履历表上不会没有成绩，然后去肯尼亚创业。"

"我仍然觉得，就这样中途辍学，等于是面对困难不战而败。何况，在MIT找创业人才会更容易些。说不定我完成博士研究时，可以找到商学院的人替我创业。"

"如此一来，这公司就不是你的了。我不了解，世界那么大，难道除了MIT就没有人才了吗？况且我也不觉得你会轻易放弃，因为你将要走的创业之路会比现在的路加倍艰辛。但我劝你还是不要再待在这个实验室了，这个研究项目对你来说简直是垃圾！"

谈完之后，我没有做出具体的决定，但我同意，我不能再继续留在实验室。我可以只身前往肯尼亚创业，但我不喜欢没有评估就草率地朝此高风险道路跳下去。我是一个很谨慎也不喜欢改变的人，这是我人生中空前重大的转折点，我必须深思熟虑，我想知道如果创业失败，我是否还有其他备胎？换言之，到时候我还能回来MIT完成博士学位吗？

我跟我的生物工程系主任谈到此事，他支持我的选择，认为我找到了一个精彩的机会。

"MIT有一项条款，研究生可以因为各种因素暂时休学，如果一年内返回，可保留自己的学位继续进修。"他说，"但你应该在休学前找到另一个愿意付你薪水做研究的实验室与指导教授，以便你回来时马上就有研究题目作为论文。"

因此，我又得回去再和不同的实验室谈一次恋爱。依据我过去的经验，这场恋爱至少要花几个月的时间才能谈成，而我的首要之务是为自己谈判出一段缓冲时间。

一星期后，我和老板有了后续谈话。我首先向他道歉，并说我打算暂时休学。

他对于我的决定有些惊讶，但表示支持，也慷慨允诺会资助我一学期的薪水，而且会让我在年底前完成硕士论文，同时去找别的实验室。

山穷水尽

我和学长史提夫提起此事，这时他已离开我老板的实验室，找到另一位指导教授了。

"哇！你把老板搞得真火大！"他咧嘴笑说，"不过这已经是你所能谈判到的最好结果了。我一直不了解，你和你的那些同事为什么一直执着于待在这个实验室呢？你要知道，除非你有意和老板去欧洲继续做研究，否则继续待在他的实验室，只有死路一条。他今年移居欧洲之后，他对MIT实验室的关注以及投入的经费只会愈来愈少。你们已经渐渐感受到这间实验室的种种摩擦和冲突了，将来只会更严重。我相信，如果你是以老板要离开MIT为前提，而去找其他的指导教授，他们看了你这三年的经验，会觉得你是个很具吸引力的人才。"

说起来简单，做起来却很难。2012年，美国的研究经费处于紧缩状态，很多教授都不愿意雇用新生。况且，这时我已经有了明确的兴趣，想找与环保或发展中国家相关的研究项目。我就读的生物工程系那时做这类研究的教授寥寥无几，在发了一些没下文的电邮之后，我开始找系外的教授。好不容易联系上一位教授，跟他碰面谈了我的兴趣。"我的实验室并无此类研究经费，"他对我说，"你可以加入我其他有经费的实验计划，但我不能建议你违背自己的心意。"他的话让我听了很难过。我好不容易平息了内心的挣扎，心灵上是自由了，却久久找不到可以和现实世界整合的下一步。

我也有考虑其他的道路，像是申请与发展中国家有关的工作，如此我在肯尼亚既有薪水可拿，也能创业，但我投了很多简历都石沉大海。愿意和我面谈的几个人都无法理解，具有生物工程研究背景的我，为什么要去肯尼亚做毫不相关的工作？

6月，我回台湾，想在这样的混乱中休息一阵子。我的父母听我说了现在的博士研究做不下去、想去肯尼亚创业一事，也对我的抉择感到忧心忡忡。

"怎么到了二十几岁才开始叛逆呢？"母亲发出这样的感叹，认为我的决定是不按牌理出牌。

父亲则认为我的创业想法还不成熟，现在去肯尼亚，以后只会后悔，因为创业哪有那么简单？！"人生做事一定要有目标。你应该去企业累积几年经验，以后再来创业也不迟。"

柳暗花明

7月，我在MIT机械工程网站上看到了亚历山大·史洛康（Alexander Slocum）教授的简历。他对机械设计及再生能源颇有研究，也从他的研究项目里成立了不同的公司。我打算写信和他谈谈。我发了电邮后，不到一小时就收到他的回信。

"我的实验室现在很满，而且明年我会休假一年，所以时机可能不太合适。"他开头如此说，但他话锋一转："不过，我对你的研究很感兴趣。你的老板是谁？他为什么要离开MIT？你过去三年的研究是……？（你有发表任何文章吗？）你的公司是做什么的？（有网站吗？）还有，你喜欢跑步吗？"

一连串的问题，我小心翼翼地一一回答。关于最后一个问题，缘由是他每天早上都会跑步超过十千米，因此他邀我边跑边谈。虽然不知道结果会如何，但是谈谈也无妨。

通常和教授面谈我会穿得正式一点，但既然是和他在炎热的夏天跑步，我决定穿短袖短裤去见他，希望他不会见怪。而他除了短裤，大刺刺的什么都没穿，满脸胡须，他给我的第一印象是像极了一头熊。

他先问我的背景和兴趣，然后开始谈到关于创业的科技。他认为有很多公司因为事前没有做好分析，因此过度承诺而失败。而有些人只会分析却不尝试，因此从未走出学术界。他也说了一些他自己创业的成功故事。

"你为什么不去为你要在肯尼亚发展的科技做分析？"他突然问我。我试图解释，因为博士研究和创业无法同时进行。

"你的想法真是老古板！如果你加入我的实验室，我要你在创业时也为你要推展的科技做完整分析。"我们愈谈愈兴奋，最后他要我把公司及想发展的科技写成简短文件送给他，他会试图说服能资助我研究的机构。最好的结果是我的博士论文和创业都有了着落，一石二鸟。

跑完步，我气喘吁吁地回到宿舍，感觉我的人生似乎出现一条崭新的出路。那时我才认识史洛康教授一个小时左右而已，不知道他的脑子里经常充斥着疯狂而机智的主意。机智，是因为这些主意让他创立了几家公司，也造就了他的名气；疯狂，是因为他有很多主意其实糟糕无比，完全不可行。但那时候，我还不熟悉疯狂和机智间微妙的区别，只觉得碰到了志同道合的教授。

第十三章
创业维艰

和史洛康教授跑步面谈几天之后,我把我的创业简短文件交给他。但是即使拿到了资金补助,那笔钱也是作为我博士论文的研究经费,不能拿来设立公司。因此,我在等待研究资金最终结果的同时,还得筹措创业资金。

首先,我注意到的是MIT全球挑战竞赛。我们花了几个月时间竭尽心力申请参赛,在5月的评审问答上,我觉得我们也答得不错。最后,我们得到了铜牌奖五千美元。于是,我们有了创业的第一桶金。

我原本打算2012年暑假重回肯尼亚工作,但是实验室里发生的事情已经让我一个头两个大了,而老板给我的资金仅提供到2013年1月完成硕士论文,我只好忍痛待在波士顿,专心地把研究好好完成。

于是,我派了三位MIT学生代替我去肯尼亚,开始和非营利组织旗下的青年组织合作设立制炭企业。我也和他们每天保持通话,了解进度。

迟到的领悟

我这个时候对于该如何创业仍然毫无头绪,所以想找导师帮忙。通过朋友的介绍,我向MIT的创业指导服务部门(Venture Mentoring Service,VMS)提出申请,这是MIT提供给学生与校友的免费创业辅导服务。

VMS替我找到了几位五六十岁的导师。我第一次和他们碰面时,他们用一种务实的质疑眼光询问了一些令人很不舒服的犀利问题。

"我不觉得你有创业的决心。"一位导师开口就劈头对我这样说。

我以为我听错了,请她重复一次。"你能证明你的创业决心吗?"

我想要开口,但说不出一个字,犹如哑巴吃黄连。

她继续问我:"你现在住哪里?"

"在波士顿。"

"你的公司在哪里?"

"肯尼亚。"

"那为什么你没住在肯尼亚?"

我解释我正在MIT完成硕士论文,并要筹到足够的资金。如果几个月后我筹到了资金、而肯尼亚的公司还有前景的话,我会搬去那里。

"试着想象你未来可能会碰到一种困境,没有人相信你,也没人愿意给你钱。"她看着我,顿了一顿。"你还会继续吗?"

"只要我相信我的公司还有前景,原则上会。"

导师听起来似乎没有被说服,追问我"什么叫公司的前景?"我把未来的目标解释给她。

"因为你不是肯尼亚人,现在人也不在肯尼亚,我强烈建议你找一个当地可以信任的合作伙伴。"

我告诉她,我们已在和当地的非营利组织合作了。

"我指的是真正的生意伙伴。你要了解,创业有很多种不同的形态,不是每个人都适合当冲锋英雄。"我当时不是很了解她这句话,但五年后再回顾看这句话,她说得多么精确贴切啊。

第一次的见面在短短半小时内就结束了。我同意必须找肯尼亚当地合作伙伴的急迫性,因此我更积极地与肯尼亚的非营利组织联络。

初次创业,四个月收摊

隔了一两个星期再和肯尼亚的组织通话,他们的口气变了,似乎对待在那里的MIT学生感到不耐烦,觉得这个暑假待在他们的办公室够久了,该走人了。当他们得知我们还打算送另一个学生过去,但我却未事先充分告知时,觉得不是很高兴,甚至拒听我的电话,也不愿意接待我送去的MIT学生。

因此,我接下来有两三周的时间都是隔着遥远的电话彼端来试图修补彼此的关系。常常一天下来打上两三个小时的越洋电话,讲得疲惫不堪,欲哭无泪。谁会知道在肯尼亚的组织里只要有一个不肯合作的人,就可以把我们的一切都卡关，这让我们十分难堪！

我后来发现，其实那个非营利组织与其旗下的青年组织也有很多摩擦：该青年组织似乎认为非营利组织管太多了，有种起内讧的意味。我们身为新创公司，万般不愿意卷入这个与我们无关的纷扰当中。这时在肯尼亚的MIT学生也不想再继续待下去，因此我们尽快把所有制炭过程及科技都设计好，交给青年组织，我则帮这些学生买机票回波士顿。我在肯尼亚的第一个创业尝试在四个月内便宣告失败。

回首看来，失败的原因是什么呢？我检讨过后，归纳为以下两点：

第一，我没有亲赴肯尼亚主导自己的公司，反而派两三个MIT学生去。我原本以为可以通过Skype或电话充分掌握当地情况，但这是十分天真的想法。我发现，诚如VMS的导师跟我说的，要在肯尼亚创业，我必须亲自坐镇，因为别人不是自己，也无法期盼他人实践自己的梦想。

第二，我脑子里想的只是技术上的困难，远低估了人际关系及政治性考量。若我在创业前先和当地的垃圾管理同事谈话，就会发现他们一开始也采取和我相同的想法，亦即和当地已在收集垃圾的青年组织合作，通过他们来创业。我也会发现他们和我们一样，很快地便卷入无关的政治纷争中，也在不久之后放弃。现在，那个公司的营运制度不是和别的团队合作，而是自己雇用当地的人。

重整旗鼓，东山再起

虽然第一个尝试失败了，但我觉得还有很多问题有待验证，因此想要亲自再去肯尼亚试一试。虽然我们失去了原先的非营利组织合作，但是在奈洛比及肯尼亚的第二大城市蒙巴萨（Mombasa）都还有人脉。我想去那里巩固这些人脉，使其成为我们在蒙巴萨回收有机废物来制炭的合作伙伴。

这也激发我想向MIT学习如何创业，因此我选修了D-Lab三部曲的第三堂课"创业"［由MIT传奇人物朱斯特·邦森（Joost Bonsen）教授传授］。同时，我也选修了MIT创业中心比尔·奥莱特教授所教的"能源创业"。

"你们的第一个功课是彻底掌握顾客的详细资料（customer persona）。"奥莱特对我们说，"很多MIT的工程师以为只要打造了一个很酷的玩意儿，就会有人来买。但很多科技之所以失败，是因为没有彻底了解顾客的需求。"

"我要你们去彻底了解所有顾客的价值观及意见等，例如他们有几个小孩？爱看什么电视台？喜欢阅读什么东西？他们在工作上最令人头痛的事是什么？他们的老板是谁？他们的下属是谁？你们必须弄清楚这些细节，才能用顾客的眼光来看你研发的产品。有时，这还会改变你们公司的走向。"

我听了觉得和以前艾米所教给我们的东西有异曲同工之妙。虽然艾米当初并不是在教我们如何创业，但也鼓励我们尽可能了解乡村居民的生活细节。我在加纳时，本来要用连锁砖帮当地人盖更便宜的房子，最后反而设计了冰箱。

现在，如果我要创业成功，也必须拥有这种探索的心态。我去肯尼亚不是只考虑制炭科技这个单一事项，还要把整个垃圾回收的供应链都彻底了解清楚，厘清每个利益相关者的作用及角色。

垃圾回收遇醉汉

我在创业课上认识了一位MIT斯隆商学院的学生莫熙（Mohit），以及两位哈佛肯尼迪政府学院的学生玛丽亚（Maria）和阿里（Ali）。大家对这个规划中的公司都感到跃跃欲试，打算组队募款，在2013年1月休假时去肯尼亚一起闯天下。

玛丽亚曾在肯尼亚工作过，通过她联络上蒙巴萨一个垃圾拾荒者的管理协会，因此来到蒙巴萨以后，我们跟着不同的拾荒者团体，帮他们推垃圾车挨家挨户地收集垃圾，也把收集的路线用GPS记录下来。我们也和不同的回收业者面谈，彻底了解了不同的塑胶、铝罐、玻璃、报纸等垃圾如何回收，市场的收购价格是多少，而价格的波动率又有多高。由于蒙巴萨是海港，有很多回收物，通过层层的回收业者加以收集清洗后，都送上运往中国的轮船，我们对于垃圾回收链的研究也到此为止。

有一天下午，我们接受拾荒者协会的邀请，来到了不具回收价值的垃圾处理场——基博拉尼（Kibarani）倾倒场。这个倾倒场位于海边，一直冒着缕缕黑烟，这是来自偶尔焚烧垃圾的火。烧完后，有时会有怪手把它们推到海里去。垃圾堆上住着一群拾荒者，每当有载满垃圾的卡车开进倾倒场，卡车尚未停毕，那些人便已爬上卡车去翻捡剩余的有价值物品。等到卡车离开之后，我们留下来和那些拾荒者谈话。在炎热的艳阳下，站在垃圾堆上，陈腐的臭气和附近燃烧的烟混合，熏得我有点头晕。

这时一个喝得醉醺醺的人朝我们走来，大声讲着史瓦希利文，还用手指着我们。我们虽然听不懂，但他的眼神充满敌意。那群刚才和我们谈话的拾荒者马上包围住那名醉汉，试图安抚他。

"我们慢慢向后退一些，不要接触他的目光。"莫熙对我们说。我们照做了。不久，那名醉汉便蹒跚地走开了。

后来那群拾荒者向我们解释，说这个倾倒场几乎没有外国人来访，不知情的当地人看到浅肤色的外国人，因为不清楚我们的意图，疑心病会特别重。他们为这件事道歉，说大家还是朋友。

我们回到旅馆梳洗之后，讨论了下午发生的事。"如果我们不认识这些拾荒者，这事件可能会变得很糟糕。"玛丽亚说。

领导无方，团队瓦解

我们在蒙巴萨待了三个星期，莫熙、玛丽亚和阿里都要回波士顿开学，而我也尚未找到任何创业的立足点，想暂时回MIT和团队及导师讨论。在离开肯尼亚的最后一晚，大家在奈洛比吃晚餐，讨论创业的下一步。

"我们可以在不同的社区设置制炭区，由家庭进行分类，把有机垃圾卖给我们，我们则雇用当地人来全职营运。"这是我的想法。

"社区每星期才收两次垃圾，量太小了，赚不了钱。"莫熙这么认为，"我们可以直接从基博拉尼倾倒场雇用拾荒者来为生物垃圾分类，由于一天会进来几百吨的垃圾，我们得盖一个大型的炭化机器。"

"要是这样，我们将不再跟青年组织合作，也不再向家庭购买垃圾了。如此一来，就失去了Takachar原先创业的社会服务初衷。"我有些不悦地说，对这个提议激不起热情。

"这是我们唯一能赚钱的办法。"莫熙说，"你想要让公司赚钱，还是成为一个非营利组织？"

阿里听了也不是很高兴，他说："在垃圾堆中捡拾已半腐烂的有机物是很困难的，我不觉得这是一个具有成长性的方案。"

玛丽亚也担心地说："如果像莫熙说的，我们这群外国人在基博拉尼工作，很有可能会杠上当地管理垃圾的黑手党。"大家都没有忘记那个醉汉凶狠的眼光。

大家似乎没主意了，都安静地盯着我看，似乎在等待我做最后决定。而我那时犯了一个天大的错误，我也安静地盯着大家看，没有把握机会领导大家。大家的目光接着飘往电视上的足球赛。

过了几分钟，莫熙开始对大家讲他过去几天想到的创业主意，这个想法和Takachar无关，而是用我们带来的GPS系统改善垃圾车以及其他送货车物流管理的效率。大家都听着并互相讨论，我也装作很感兴趣般参与讨论，但心情其实荡到了谷底，因为我的Takachar似乎被挤到边缘角落去了。

回到波士顿后，我和MIT的VMS导师们谈到这趟肯尼亚行的所见所闻。他们认为我们1月份在肯尼亚的收获惊人，学到非常多东西，但如果Takachar在基博拉尼设立大型工厂，不仅赚不到什么钱，风险又高，是行不通的。

我也和另一位朋友谈了我对Takachar最新的想法，他也认为行不通。"你看看美国不同的城市都有一套垃圾处理法。为什么？"他说，"你要知道，不管你提出的是哪一种商业模式，都市的垃圾管理是很难扩大化的。"这句话好像是个诅咒。

之后，我们的团队仍聚会了一两次，但讨论得很没劲，好像没了灵魂。

不久，阿里写信和我说，他最近很忙，必须把时间优先排给他的另外一个创业想法。有一天，我和莫熙碰面讨论他的暑假计划，他也说有可能会去印度找寻创业机会，无法承诺会和我一起创业。而玛丽亚因为拿到了美国政府提供的奖学金，毕业后本来就有义务去海外的美国大使馆工作。结果，这个Takachar团队只剩下我孤零零一个人了。

赚钱摆一边，捍卫梦想

我了解也尊重大家的决定或义务，至今大家仍是朋友，偶尔相聚也常常回忆起我们在肯尼亚的经历。但是在2013年3月那时,我倍感挫折,既伤心又沮丧。当初我在朱斯特教授的课堂上组队时,我深深感受到大家的热情,满心期盼着至少会有一两个队友愿意长期和我分担、共享创业的艰辛和快乐。如今那么辛苦组成的队伍也烟消云散了,犹如春梦一场。我找了原先帮我组队的朱斯特教授,向他诉苦,希望能从他那里得到开导,帮助我从困境中跳脱出来。

"我辛辛苦苦组成的团队都没了,公司还有什么存在意义呢?"我难过地说。

"可是,你在肯尼亚的公司本来就不成熟啊。"他说,"你的硕士论文已经交了,我看你还是一直回MIT,迟迟不愿离开,没有去肯尼亚全职创业,这意味着你在MIT还有其他的可能性。你希望留下来,试图用你的博士研究来强化未来公司的技术。如果你或你的团队现在不顾一切地投身去肯尼亚创业,是一个十分愚蠢的决定。"我点点头,他说得没错。

"你原先组的团队其实也不成熟。"他继续说,"你们四个人当中没人会说史瓦希利文,没人彻底了解当地的人文习俗,也没人在肯尼亚长久居住过。把四个没经验的哈佛及MIT学生空降到肯尼亚去全职创业,也是十分愚蠢的决定。"

"那我们1月去肯尼亚的旅程算什么?"我反问他。

"那是一个市场调查、市场探索。每当你和团队去肯尼亚一次,你学到的东西就愈多,你认识的人也就愈多,你也在为你的人生经验加分。当你未来准备好真正创业的时候,你成功的可能性也愈高。"他回答,"你现在的困境是因为你只死板板地把眼前所有一切，片面地看成了创业及赚钱。"

"那我的Takachar在肯尼亚的前景是什么？"我又问。

"我宁愿你找到当地肯尼亚的人才，和他们合资，协助他们创业。假如真的成功了，难道你不能在毕业后协助他们拓展公司业务吗？"

朱斯特的分析中肯有力，点出了我平时没注意到的事，让我受惠良多，心情大受鼓舞。

我决定扩展自己的眼界，至少短期内不再狭隘地聚焦于这案子能否赚钱。Takachar还不是一家公司，只是一个学生的兴趣和热情所在而已。即使我先花一笔钱去肯尼亚训练当地人来自行制炭，也未尝不是一个有用的进展以及教育当地人的机会！现在，在距离奈洛比五小时车程的乡下，还有一群农夫在使用我们研发的科技，难道我不能回去和他们一起把这些案子扩大化吗？

"你现在的案子才刚开始。当你达到规模，成功训练了一千位农民之后，我们再来想赚钱的方法。"MIT的导师这样说。

这个想法不仅让我拾回了我内心的兴奋及热情，也给了我暑假回肯尼亚的愿景。

讽刺的是，这是一年前激起我巨大热情的第一个想法，也是我目前最成功的一个。后来我因嫌它不够新颖，执行上太过困难，才转而研究都市的垃圾。在大城市里尝试了不同的方法后，就如萝拉原先对我说的一样，都不觉得会比原来在乡间制炭来得容易。我由此获得一个深刻的体悟，原来每一条路都布满荆棘、艰辛无比，只有满怀热忱才能持续地走下去。

　　回首过往，这一切的困境至少有一半是我自己造成的。当初我会征召商学院以及政府学院的学生来加入团队，其实是我自认对于经营公司毫无概念，希望他们会告诉我该怎么做。但每个人都带着各自不同的意图和兴趣而来，如果我没有做好掌控和领导，只会被他们各自感兴趣的方向拖着走，而导致我们这个案子无法前进。我当时只想和谐地解决一切矛盾，使所有人达成共识，却也让自己失去了起初的热忱。这些学生不是我，无法代替我追逐我自己的梦想。我必须成为自己梦想的捍卫者。

第十四章
九输一赢的坚持

在我组队准备赴肯尼亚的同时,我也和史洛康教授一起为我的博士研究寻找资金。在和他慢跑后一个星期,我再次和他碰面。

"我现在和一位生物系教授合作,他正与马来西亚棕榈油业的某个富豪讨论赞助案,请MIT帮忙研发一个可以自动采收棕榈树果实的机器人。"史洛康教授说,"你去和生物系教授提提你的方案,看看那位富豪会不会愿意也一并赞助你的研究计划?我深信他对于当地乡间农民用棕榈叶或其他废物再利用会感兴趣。"

我对于马来西亚的棕榈业毫无研究,因此花了一星期时间尽量去熟悉棕榈业。我发现最大废物不是叶子,而是一种水油混杂的流质物。这种流质物量很大,无法直接倾倒在河里,很多人为了要怎么处理它而深感头痛。我的制炭法对此并不适用,但我想如果棕榈种植园的面积够大,就可以设计一个人工湿地来处理这种流质废弃物,还可以养鱼。至于叶子、果壳等废物,则可运用炭化方式来处理。这是一个结合农庄进行废物管理的方法。

PART 2　危机及转型

我把我的想法写成三页的提案，请生物系教授给马来西亚的富豪过目。不到一星期，提案被驳回了。

"他认为你这个提案太单纯化了。"生物系教授说，"实际情况比你想象得更复杂。"

我又试了几个不同的想法，但全都被驳回。史洛康教授似乎也一筹莫展，这条棕榈树的路似乎是死路一条。

我对史洛康教授的信心顿时大减。眼看已经来到2012年11月了，而我先前的老板给我做完硕士论文的资金和薪水即将在2013年1月用完。"我还有两个月的资金，"我写信给史洛康教授，"到时候如果我们还找不到适当的资金机会，我可能就要另外寻找指导教授了。"

多方撒网找补助

同时，我也打算自行申请资金。MIT和一些校外组织都有提供助学金来补助学生的学费与生活费，但很多都是针对年轻的博士生，像我这种后期的博士生，机会并不多。我看到考夫曼（Kauffman）基金会赞助有关创业的博士研究，便立即去申请，可是很快又被驳回了。另外像赫兹（Hertz）及索罗斯（Soros）的奖学金，我也都没有入围。

我的朋友知道了我的困境后，说她有位朋友麦特（Matt）也曾为自己的博士研究申请过奖学金。她把我介绍给麦特，我请麦特喝咖啡，想听听他的经验。

"奖学金的竞争十分激烈,要胜出很难,只有你自己孤军奋战。"麦特说。我从他的话中得不到一点激励或兴奋感。"但是九输之后,你只要赢一次,你就有钱了。因此尽可能撒网,向不同的奖学金提出申请书。"他也给了我一些奖学金的建议。

我照他的话投了几个奖学金的申请。有个奖学金是专门资助有兴趣到新兴经济体创业的学生,虽然钱不多,不够我一整年的学费及生活费,但我觉得可以试试看,至少补贴一点我的生活费。我去请一位对我这方面的兴趣有了解的教授来帮我写推荐函。

"我很乐意推荐你,但是我有一个先决条件。"她说,"我有位学生艾米莉亚(Amelia)以前也拿过这个奖学金。你先去和她谈谈她的经验。"

我和艾米莉亚约了时间。她在开口之前,先小心翼翼地把办公室的门关上。我的心直往下沉。

接下来几分钟,她把这个奖学金的体制批评得体无完肤。"总之,我觉得被他人利用了。"她这样说。

"听你这样说,我没兴趣申请了。"我回答。

"若你真的没兴趣申请,你今天还会来找我谈我的经验吗?"她反问我。"说实话吧!我申请时也是一个穷光蛋研究生,努力在找自己的研究资金。当你急需资金时,是没有很多选择的。"

我望着她,默默无语。

她叹了一口气,继续说:"如果你决定申请并接受这个奖学金的话,眼睛要擦亮一点。"

离开了她的办公室，我反复思考，也想起了先前麦特的"九输一赢"论，最后还是决定提出申请。

积极申请奖学金

我提出的奖学金大多是从2013年9月才开始生效。即使我申请得上，我在2013年1月，也就是前老板的硕士论文赞助结束时，接下来八个月的空窗期还是得变出自己的薪水。

这时我一个朋友在MIT感知城市实验室（Senseable City Lab）工作，这间实验室专门研究数位科技如何影响人类城市的生活。两年前，这个实验室推出了一个与巴西城市拾荒者相关的研究方案，当时我正在计划2013年1月要和团队去肯尼亚的蒙巴萨，所以对这项研究很感兴趣，心想着是否也可以把它推广到蒙巴萨，从事当地的垃圾管理。

因此我和该实验室的雷提（Carlo Ratti）教授联系上了，说我有兴趣在他的实验室做研究。他邀我把我过去的研究做个简报，讲毕，他十分欣赏我过去的经验，邀我更深入地和他面谈我的兴趣。

"我对垃圾管理有兴趣，正在替自己找研究资金来深入发展垃圾制炭技术。"我告诉他。

"如果未来你找到了自己的资金，可以做任何你喜欢做的研究。"他回答，"不过现在我的实验室并没有垃圾管理方面的研究资金，倒是有一个方案暂时有职缺，不知道你有没有兴趣？"

我说我很乐意考虑。

这是一个研究城市通勤行为的方案。MIT感知城市实验室和不同的通讯公司合作，有不同国家行动电话用户打电话的匿名纪录，葡萄牙、科特迪瓦、沙特阿拉伯、意大利等各有上亿笔纪录。从用户每天打电话的时间及地点，可以估计整个国家不同城市的通勤状况。而我的任务就是比较各国、各城市的通勤行为，看看有没有什么跨文化、跨国家发展程度的普遍行为。

我这时没有什么其他选择，对这个研究方案也颇感兴趣，所以就暂时接受了。至少，我不用烦恼2013年1~8月间的生活开销。

虽然过渡期间的生活费解决了，但我申请的奖学金都只包含学费及生活费，如果我的研究要建构机器的实体模型，那么这上万美元的经费要从哪里来？

2012年年底，史洛康教授提起了一个塔塔集团的方案，或许能解决这个问题。塔塔集团是印度最大的集团公司，声誉卓著。董事长拉坦·塔塔（Ratan Naval Tata）捐了一大笔钱给MIT，为发展中国家（如印度）做些科技上的研发和商业化。这笔捐款在MIT成立了"塔塔中心"，每年都有研究经费可通过竞争性的申请过程分配给不同的实验室。

史洛康要我去和塔塔中心的主任罗伯·史托纳（Rob Stoner）谈谈，看我能不能把制炭过程写成一个塔塔中心可以资助的研究计划。

于是，我在2013年1月底从肯尼亚回来之后，马上约时间和他会面。

研究计划的申请将于2月中旬截止，时间很紧迫。

"你要知道，塔塔中心的研究计划必须由MIT的教授来主导。博士生不能申请。"罗伯听我说完我的制炭构想后如此说。

"亚历山大·史洛康不能算是我的指导教授吗？"我问他。

"他是专门设计机器的，但我不认为他能为你的制炭构想提供任何专门知识。你需要的是一个对制炭有专精的教授。"

"我不认识MIT有这方面专长的教授。"我对他说。

"我可以推荐机械工程系的艾哈迈德·古奈（Ahmed Ghoniem）教授。但是我无法保证他会对你的研究计划有兴趣，也无法保证他会同意和你一起申请塔塔中心的资助。"

之后，罗伯也对我说起他们在几年前就已经研究炭化废物的可能性，但他不觉得这有什么值得研究之处。

"塔塔中心资助的计划都必须拥有先进的核心技术。"罗伯接着说，"你的制炭法有什么与众不同的地方值得做博士研究吗？"

我说我会和古奈教授谈谈，看他有没有什么好主意。但我心里知道，刚才这场谈话的结果，一定又会让我大失所望。

赶搭末班车，申请奖助金

这时，我已经在创业及研究的不确定之间奋斗了十个月，如今不仅在肯尼亚创业的前景不明、团队解散，连博士的研究资金也没谱，觉得身心俱疲。或许，是应该放弃这个梦想的时候了。

这时我已经开始在MIT感知城市实验室工作，觉得整天写程序码来分析数据的生活也不差，可以一直做下去，不用为资金烦恼。反之，我为自己的制炭创业计划努力了那么久，既没有具体成果，资金也付之阙如。何苦来哉？

虽然我有个梦，明知放弃它是对自己灵魂的背叛，但我发现此时的我一点都不觉得要放弃它会感到痛苦或悲伤，反而感到轻松无比。在被各种不确定性搞得精疲力竭后，我反而怀念起那种可预测的稳定环境。

尽管如此，我内心仍隐约有种难以言喻的失落感：我一直深信当初会对制炭产生巨大的热忱和使命感，是命运注定。如果我打算现在就放弃，又不想将来后悔，那么我无论如何都要和命运做最后一搏：我会写信给古奈教授，并尽我所能和他充分讨论制炭研究计划的可行性。如果他愿意指导我，同意和我一起提交塔塔中心的研究计划，我会和他合作继续发展我的制炭研究；如果他不愿意指导我，或是认为我这个构想不具博士论文的潜能，那么我便不再尝试。客观来说，若我无法去说服一个在能源转换及生物质领域研究了近三十年的世界顶尖专家，我大概也不必再多花心思去发展我的炭化科技了。

古奈教授回信，叫我二月初去见他。他是个白发苍苍、六十多岁的老教授，但是目光炯然。讲话严肃，却又显得从容淡定，充分展现了典型的教授风范。

他先问了我的背景及创业兴趣。然后问我是否认识麦特。

麦特？那不就是我几个月前请喝咖啡，与我分享他申请研究资金经验谈的博士生吗？

"我是他论文委员会的成员之一。"古奈教授接着说，"他刚毕业，拿到了绿色回响（Echoing Green）基金会提供的奖学金，继续为其研发的科技创业而努力。选择创业这条路需要长期全心投入其中才行。"

"我的目的是想有一个继续探索制炭方法的机会。"我回答，"如果经过几年依旧不可行，我也无怨无悔，因为至少我有机会和世界顶尖专家彻底探索了这项可能性。"

我们花了约一个小时就炭化的科技和用途进行广泛讨论。终于，我鼓起勇气提问："我刚才说的制炭方法拿来做博士论文，您觉得有潜力吗？"

"研究以及科技研发的结果本来就难以预测。"他回答，"但是，我宁愿保持乐观的态度。"

最后，他说他对我以此做博士论文有三点担心的事情。"第一，我的实验室现在人员很满，今年9月已经招了4个新生。"

"我会邀请史洛康教授当我的指导教授，不必全依靠贵实验室的全部资源。"我说。

"这先暂且不谈。第二点是你的研究可能没有博士论文的深度。"

"请问麦特是如何把他发展的科技写成博士论文的呢？"

"麦特做的是系统式的模拟及优化。"古奈教授答道，"例如他模拟的是不同零件在什么情况下可以符合其性能的需求。"

"那我可以参照他的论文架构来写研究计划。"

"我的学生理查（Richard）对制炭的模拟很有研究，等一下我介绍给你，你可以和他谈谈你的想法。另外，第三个让我担心的是你的研究资金从哪儿来？"

"塔塔中心的罗伯·史托纳叫我和您谈，如果您有兴趣，我们可以一起和亚力克斯·史洛康教授合写一个研究计划。"

"什么时候截止？"

"大后天。"

"这太赶了，我没时间。"

"我会起一个草稿，四十八小时内提交给您和史洛康教授过目。如果您接受的话就马上提交。"

之后我也和理查谈了一阵子，觉得的确有些是我的博士研究可以施力的地方。回到宿舍后，我快速读了一遍麦特的博士论文，也仔细思考了我的研究计划架构，但没有马上动笔。晚上，练完跆拳道后，和女友做了一番讨论。

隔天一早起来，我开始动笔，一直写到隔天的凌晨三点，然后送给史洛康和古奈两位教授。他们给了一些小建议，那天傍晚就提交了。

资金到位，创业露曙光

后面便是长达一个月令人不安的等待期。3月，古奈教授通知我的研究计划被塔塔中心录取了。我也陆续收到一些奖学金的通知,最后有三个录取函,资助我博士论文三年的学费及大部分的生活费(剩余的小差额全被塔塔中心补足了)。因此,一个原本不稳定的新创公司翻转了危殆的命运,将会有一个长期稳定的资金来源,可以展开后续多年的研发。如果研发取得专利,那么专利权将归属于MIT所有,但我的公司可以与其洽商取得独家授权。我在半年前和史洛康教授跑步时所激起的创业兼博士研究的梦想,终于在2013年5月签了塔塔研究员合约的那一刻实现了。

我在努力筹措资金的这几个月当中,常常想象自己在所有资金确定到位的那一刻,心情会有多么激动。如今,回顾整个筹措资金掲注的过程,其实除了耐心等待及逐步因应、想办法解决外,并没有什么令我激动或兴奋的事情。反而,每当我回首与古奈教授第一次碰面的情景,总会激动难抑。因为我深刻体验到,当一个人已经被接二连三的挫败搞得精疲力竭时,能把他从放弃梦想的绝望边缘挽救回来的,往往不是靠他自己的毅力或才能,而是在陌生人的一句"我相信"或"我宁愿保持乐观"的激励下,重整旗鼓、继续未竟的梦想。

校园放大镜

血染MIT

虽然这本书谈论MIT的教育并不局限于理论，而是尽量往现实生活的方向推进，但大部分的学生仍持有一种死板的观点，把MIT看成一个大泡泡，将校内的人、事、物与外面的世界隔绝。

个中原因，或许诚如我学长之前所说，MIT本身的活动太多了，忙到大家都没时间走出校园用心探索校外的世界。我的经验也是如此，尽管我每天都看得到河对岸的波士顿市，可是我大概每一两个月才会去一次。

波士顿马拉松爆炸案

2013年4月，就在我快要取得塔塔中心提供的研究资金时，河对岸发生一桩恐怖袭击事件，恐怖袭击的余波深深撞击着MIT所有人的心。

我记得4月15日下午，我刚与两位朋友吃完午餐，正走在前往创业马丁信托中心（Martin Trust Center）的路上，准备与队友碰面。这时河对岸忽然传来了"砰"的一声轰然巨响，那是波士顿马拉松恐怖袭击的第一个炸弹爆炸声响。

我当时并不知道那是恐怖袭击发出的巨响，心想是不是施工的工人不小心把很厚重的铁板摔落在地上了？还是晴天打雷？

进了创业中心，我就没有再听到第二次炸弹爆炸声。直到后来，一位哈佛队友迟到十分钟进来后，便开口说她听说对岸发生了爆炸案，有人死伤。

打开电视新闻，恐怖袭击的消息占据各大新闻台，迅速在全美蔓延开来！我的手机这时也收到MIT传来的信息，告知我们有爆炸案。这时我的实验室、生物工程系等也纷纷开始互相发群组电邮报平安。

这时，我的一位Takachar队友得知他的友人当时就站在终点线附近观看比赛，耳膜被爆炸声震得非常不舒服，便匆匆离开，前去关心探望朋友的伤势。

此时，讯息非常混杂，大家都不知道最新的情势发展。我走回办公室，一位同事发现推特（Twitter）有最新的消息更新，就自动把推特的信息放在办公室的大银幕上播放。

另一位同事这时在救护车队上执勤，好心地发了一个电邮给大家："目前，市政府、哈佛及科普利广场都有未排除的可疑爆裂物，哈佛附近有炸弹恐吓。请大家尽量不要出门，倘若一定要出门，请结伴同行，尽量远离垃圾桶。请假设所有的公共交通系统目前都是停驶状态。"

看起来哪里都不安全，到底要待在办公室还是回家？我觉得进退两难。

这时一位同事忽然起身关掉大银幕。"已经五点多了，大家赶快回家吧！"他说，"现在的状况混沌不明，随便听未证实的谣言只会造成集体恐慌。"

有位同事和我住在同一栋宿舍，我们提早下班一起走回去。回到宿舍，收到校长的来信，告知MIT没有人受伤。大家都松了一口气。

过了几个小时，正值台湾早上的时间，我陆续接到父母和亲友的关心电话。看来，这次的恐怖攻击事件成了国际大新闻，引起全球瞩目。

MIT校警中弹殉职

恐怖攻击后隔天我收到信息，说MIT商学院附近有可疑爆炸物，请我们远离那个地方。但过了十分钟后便排除了。现在连搭地铁都必须先排队，会有州警来检查背包。

尽管人心惶惶，MIT也表现了安抚人心的温暖行动。发生爆炸的隔天，MIT博物馆宣布免收门票，也举行了一个临时的社区活动。

那时，我有位室友正在研发一种用压力锅为发展中国家的医疗仪器灭菌的技术，他在光天化日之下，把一个很像马拉松炸弹所用的压力锅从实验室搬回宿舍，结果被警察盯上。他回宿舍时被人拦了下来。没有多久，校警也被叫来，盘查我们的宿舍。校警把MIT的环境安全部门人员全叫到我们宿舍来查看。紧接着，舍监也赶来了。

环境安全部门人员看了我室友在他房间架设的实验后，虽然认为没有危险，但还是请他不要在宿舍做实验，要求他把所有仪器都搬回实验室。

在这不安的局势中,我离开了波士顿,去阿肯色州为Takachar做募款简报。

到达阿肯色州的那晚,手机又收到了一个MIT的短信:"史塔特中心附近有枪战。请不要出门。"

不久之后,又是一阵慌乱的电话、电邮报平安。我跟家人再三保证,那时我人不在波士顿。

这时,一位同事晚上还在枪击发生处的楼上工作,吓得她躲在办公室里,两个多小时都不敢出来。她有些歇斯底里地说,楼下有位MIT的校警中弹身亡,但不知道是谁。

我隔天起来发现,新闻中的波士顿陷入风声鹤唳中。原来,MIT的枪击事件和先前的恐怖攻击有关。虽然一位嫌犯被击杀了,但另一位仍躲在波士顿附近,因此整个城市都被警察封锁,停班停课。MIT的朋友都待在宿舍里不能出来,像我这种在外出差的人,则有家归不得。

幸好不到一天后,整个案情水落石出,第二名嫌犯也被逮捕了。我顺利回到波士顿,虽然市貌看似一切正常,但大家的心情沉重无比,很多人都穿着黑衣以哀悼不幸亡故的人。

那位遭枪杀的MIT校警是柯利尔(Sean Collier),我虽然不认识他,但我有一位同事和他很熟,说他的年纪和我们差不多,喜欢和MIT户外社团的学生去爬山。

一位学生说，事发那天晚上，柯利尔原本打算下班后去我宿舍楼下的酒吧，和一些学生唱卡拉OK，但之后他就音讯全无。如今，再也看不到他了。

MIT救护车队有很多人都认识柯利尔，时常在他下班时和他打电玩。事发当天，送柯利尔最后一程的就是MIT救护车。

恐攻阴影挥之不去

事发后的短时间内，很多人都穿着"波士顿坚强"或"柯利尔坚强"的衣服，窗口及办公室也挂着类似的牌子，似乎大家都以坚强的外表来鼓励自己和别人。随着时间消逝，内心的创伤与失落进入到不同的阶段。

对许多MIT的学生来说，他们身处的校园是个与世隔绝的大泡泡。我们可以通过泡泡透明的包膜来观察外面所发生的一切，似乎只要待在泡泡里，就能获得充分保护而不受伤害。其实这只不过是一种幻觉，一戳即破，因为MIT没有校门，也没有任何神奇的保护膜，它与现实世界紧密相连。当炸弹爆炸的那一刻，我们的心都剧烈颤抖着，但大致完好无伤。当MIT校警遭到枪击，那颗子弹似乎直接穿透了我们的心，所带来的是一个有待填补的黑洞。

许多人试着和朋友讨论此事，或是聚在一起用唱歌抚平伤痛，或是向校刊投稿来抒发心情。有些人也求助于校医做心理咨询。我则试图把此事理性化，但是世界上有一些事永远得不到令人满意的答案，因为人并非完全理性。为什么会发生这样的悲剧？柯利尔与其他人为什么会死？为什么？

隔年，柯利尔殉职的地方盖了一座纪念碑，灰色的花岗石拱顶在白天苍凉地伫立着。晚上，地上的光亮则反映着枪击那晚天上的星座。史塔特中心很久以前学生恶作剧放在屋顶的一辆旧警车，在一夜之间多了一串串纸鹤。数年后的今天，纸鹤依旧在，学生忙碌地穿梭其下，而它们在天窗透射的阳光下微微摆动。这些永久性的纪念建筑和行动，象征着一个大大的问号，代表着MIT过往的伤痕，也是MIT人在面临浩劫的创伤后休戚与共的象征。随着岁月流逝，当时在MIT经历此事的学生陆续毕业了，生活的繁杂在心中层层堆积，但心中深处的黑洞犹如花岗岩纪念碑及警车上的纸鹤，至今依旧未被完全填补。每次想到此事或经过此处，我的心依旧黯然。

创业及论文
PART 3

第十五章
肯尼亚总裁拍板定案

虽然得到塔塔的资金是一大进展，但是在2013年，我仍时不时地会在创业和博士研究之间摇摆。我的塔塔研究员合约规定，我必须在印度进行市场调查，但我目前在肯尼亚和一群农民有小型合作，该怎么办？难道我要弃他们于不顾吗？

"我拿一个粗俗的例子做比方吧！"MIT的导师对我说，"你现在的情况就好比你同时让两位女子怀孕了，其中一个的胎儿已有几个月大（那是肯尼亚），另一位的胎儿才几周而已（那是印度）。"

"当你和塔塔中心签约，你便已经承诺未来几年会尽心尽力照顾印度的研发项目。这完全合理，因为目前印度方面已经承诺会给你雄厚的资金及资源。反之，肯尼亚什么都还没承诺。"他继续剖析，"如果你在未来几年还坚持搞外遇，私下在肯尼亚经营企业，你说印度方面还会愿意再资助你吗？若你全心投入在印度项目的研发上，每年只有几个星期的时间去肯尼亚，肯尼亚方面还会认你为父亲吗？"

"我并不排除印度，我也认为用心探索印度的商机对我的未来大有助益。"我答道,"但是我已经在肯尼亚建立了许多人脉,也厘清了市场的巨大潜力,总觉得不能就此弃它而去。"

"那么你该为你的肯尼亚方案找一个寄养父亲了。"

我同意他的看法。我在未来几年不可能长期待在肯尼亚,一个可行的解决方法便是找当地人合作。这是VMS的导师及朱斯特·邦森教授跟我说过很多次的事,我现在的创业重心不是要在肯尼亚当地亲自领导公司,而是寻找及帮助当地人才与我共同创业。但有些时候还是要亲身体验,才能理解他们的建言而有所开窍。

于是,我开始通过在肯尼亚的人脉为Takachar征才。我的想法是先聘雇一个在地的全职总裁,每个月付他一些薪水,日后我不在肯尼亚期间,会定期和他沟通公司的运营情况。最终目的是能够与肯尼亚乡下的农民合作,建立一个可以获利的制炭试点。我打算2013年6月去肯尼亚停留六周,全力找到当地的合作伙伴。

突发奇想,遭导师群打枪

但是,我这个时候的最大问题是无法把任何一个想法专注完成。连我MIT的创业导师都说:"我给你的建言是两个字:专心!专心!专心!"

举例来说,在出发去肯尼亚的前三周,我忽然灵机一动:建立制炭试点是老古董的方法,为什么我不举办一场比赛,鼓励肯尼亚当地的创业者建立自己的制炭企业,通过几个月的评审后,最具潜力的创业者可以获得Takachar提供的一万美元奖金？一方面可以借此打开Takachar的知名度，二来也能创造更多当地的制炭企业。每个地区的挑战与市场特性各异，通过这样的竞赛可以促使当地人想办法解决问题。因此，Takachar何不转型为一个制炭企业竞赛的主办单位？

我和同事聊了这个想法，他们都很兴奋。我和肯尼亚的旧识聊起，他们也都很兴奋。接着，我征询了MIT主办全球挑战竞赛的人员爱丽森和奇利（Keely）。

爱丽森回信说："我不认为这是个疯狂主意，但你必须慎思自己愿意投入多少时间及资源在这上面。举办比赛有很多细节，例如钱从哪里来？如何制订冠军的评断标准？听起来好像很简单，其实是很复杂的。还有许多关于管理人员的细节，你必须做好远端操控。我主办MIT全球挑战竞赛时，发现愿意帮忙的义工很多，不过也有很多人在你最需要他们的时候令你失望。这不代表他们是坏人，而是每个人都忙得要命。假设你在肯尼亚主办的比赛正在进行，却有一半的评审突然退出，而你人在MIT，该怎么办？"

奇利也回信说："除了爱丽森所说的，我还有另外两个疑问：第一，举办这个比赛是否适合当地文化？MIT本身就是个超级竞争的环境，因此很适合举办比赛。可是在其他场合，比赛的表现可能会完全令人失望。第二，你希望看到多少队伍参赛？我过去看过很多比赛，主办人花了很多心思，但比赛的主题太狭隘了，最后只有一两队符合资格。你会如何规划你的制炭挑战赛？它会受到当地广泛的瞩目吗？"

这些都是我在兴奋之余未曾想过的。我也和VMS的导师群提及这个制炭比赛的发想，他们完全不为所动。

"举办一场比赛就像同时养很多猫。"有位曾举办创业比赛也喜欢养猫的女导师如此说，"你喜欢养猫吗？"

"我认为你离成功很近了。"另一位导师说，"为什么现在要放弃你之前的所有努力而另起炉灶呢？"

在听取了各方意见和仔细评估后，我承认这项制炭比赛想法确实让我心动，但MIT不同导师的论点更有说服力：举办比赛看起来很有吸引力，那是因为我还没有仔细深思其中令人厌烦的细节。

换言之，我觉得原来的Takachar计划困难重重，是因为我对它的所有可能风险和缺失早已了如指掌。所以，我决心正面迎战这些已知的挑战，继续执行原定的计划，即雇用肯尼亚人一起和我创业，在乡间与农民合作制炭。

制炭前景展露希望

2013年6月，我独自一人前往肯尼亚。以前，我都是和一群MIT的学生去，试图在当地建立自己的研发项目或公司。但是身为全职的学生，我们只能趁每年1月和暑假的空当回到肯尼亚打理业务，我们不在的期间，当地的进度就会停滞不前，成果颇令人失望。这次暑假，我的任务不是去建立自己的公司，而是设法把自己的愿景传达给别人，激励他们相信自己也能采取行动。

我一抵达奈洛比,马上和八位可能对成立制炭公司有兴趣的人士碰面,还安排了所有人隔日一早驱车前往鲁姆鲁提观摩我在一年半前协助设立的制炭试点。我们一行人于中午抵达鲁姆鲁提,当地的森林协会派人来接我们,处长则开始讲起炭化的作业流程。一开始很多人听到农作废物可以转成炭,都是满脸质疑的表情。于是,森林协会的人员亲自为大家示范整个过程,将一堆玉米芯和玉米叶放入铁桶内,然后点火开始炭化作业。

最后,当打开铁桶看见里面全是货真价实的炭时,所有人不得不信服处长所言为真。"眼见为真(Seeing is believing)。"一位第一次看到这项技术的成员如此说道。其他成员在亲眼目睹了整个炭化过程后,似乎也看到制炭的前景和商机。

隔天早上回奈洛比的路上,大家都兴奋地谈论着。有两个成员一回奈洛比,当天就买好了铁桶,打算亲自尝试制炭。

获得肯尼亚阁员大力支持

期间,我也通过一位同事认识奈洛比某报社的资深编辑,他对Takachar很感兴趣。和他详谈之后,我发现他在肯尼亚人脉丰沛,也非常了解肯尼亚的待人处事文化,于是我邀请他担任我们在肯尼亚的导师。他首先要我找到高层政治人物的支持。

我告诉他:"我没时间搞政治,也没兴趣贿赂他人。"

"我不是叫你贿赂别人，那是违法的。我是要你的公司得到当地人的广泛支持。"他说，"你要知道，即使你的公司完全合法，如果哪天你冲撞到某个人，他们可以通过政治管道找出一条罕为人知的法律，叫你的公司关门大吉。所以你也必须有你自己可打的政治牌，以备不时之需。"

他说肯尼亚总统最近任命了一位新的内阁环境秘书长，而这位秘书长和MIT有关系。他会通过这位内阁官员的家族友人，居间穿线把我介绍给他。

一周后，这位内阁秘书长的办公室主动和我联系，并且敲定了会面时间。我从来没有见过那么高层的政治人物，有点慌乱。

"我现在什么都还没开始，要和秘书长谈什么呢？"我问我的肯尼亚导师。

"你只需要介绍Takachar的前景，以及如何为肯尼亚乡间带来就业机会，也能帮助穷人和维护生态环境。这是不管谁执政都很容易获得选民支持的计划。"

"秘书长那么忙，我可以请她帮什么呢？"

"她才不会有时间帮你创立公司呢。你只需要认识她并得到她的祝福。如果哪天有人找你公司的碴，不管是乡镇还是县市政府，只要政治位阶是在肯尼亚总统之下的，你都可以向她求救。"

我终于开窍了。我发现以前去乌干达或加纳的乡村，第一件事便是去拜访当地的长老，得到他的欢迎及祝福，如此才能在他的村里做事。现在我要做的不也是一样吗？只是如今我要做的规模，是几年前的好几倍。

于是在约定那天的早上，我穿着西装前往秘书长的办公室和她聊了二十分钟。谈话中，她表达了对Takachar的支持。我的任务圆满达成。

新血加入

一个周末，我坐了八个小时的车来到肯尼亚的蒙巴萨，和一位老朋友碰面。我也在想是否可以通过他在当地找个机构，于蒙巴萨市郊的乡村雇人来实现我的制炭计划？我花了整个周末和他计算营运成本，也造访了蒙巴萨附近的一个村落。

但我那位朋友前阵子试图振兴当地村落经济，通过他的组织在村落流通一种替代货币，结果遭控告伪造钱币。他和同事因而遭到逮捕，目前保释中，两个星期后要上法庭，因此他们很忙，没什么时间招待我。

"我劝你离他远一点。"奈洛比导师对我说。

"我了解。不过我相信他是清白的。"我回答。

"不管他是否清白，他在当地的行为必定惹火了一些人，才会有人想告他。"导师继续说，"如果你和他合作，不会有好下场。"

虽然当初和我一起去鲁姆鲁提参观制炭作业的有八个人，但是后来大都采取观望的态度。有心和我一起投入制炭公司的只有两人。我和我的导师找了时间一起去和他们面谈，主要想听听他们对于建立公司的想法。

最后我们录取了萨穆埃尔（Samuel），他是学农业企业管理的。他没有适合设立公司的地方，因此我把他介绍给在姆韦（Mwea）的同事。

姆韦位于奈洛比东北方两个小时车程远的地方，盛产稻米，有成堆无用的米糠常常被火烧掉。我想利用我在肯尼亚剩余的时间，请萨穆埃尔为这个可能的制炭计划铺路，我也可以借此审核他的工作效率。

过了两个星期，萨穆埃尔报告说他开始在姆韦和当地农民合作，用一种新方法来炭化米糠。看来他的案子都有潜力，因此我小心翼翼地和他谈了薪水等事宜，并要求他每两周就把所有收据都拍照下来寄给我存证，我依据报销再汇钱给他们。偶尔他也必须寄相片给我，我的肯尼亚导师或其他朋友都可以随时到姆韦抽查当地的进展。制订好这些监督程序后，萨穆埃尔正式开始帮Takachar做事。

不二法门：信任

7月底，我必须从肯尼亚返回波士顿。登机时，我和其他乘客走出登机坪。奈洛比的晚风徐徐吹来，凉爽宜人，十分舒服。恼人的是，我的脑海里被各种不同的疑问盘踞着：我雇用这个人的决定是正确的吗？我要通过什么渠道确认他所报告的进展？他如果盗用我的钱，该怎么办呢？

我有一位MIT的日本同学，之前在肯尼亚的邻国坦桑尼亚设立了一家农民租用拖拉机的公司，结果因为太相信当地的合作伙伴，而被盗用了近十万美元。我要把我在肯尼亚的事业托付给一位只认识三周的人，似乎这是个疯狂的决定。

但是，有个声音在脑海响起：除此之外，我没有更好的选择。

我当时面临的情况是，我在MIT已开始为印度做制炭研究，所以无法花很多时间来肯尼亚创业。即使我或其他MIT的队友都来了，我们对肯尼亚的风俗人情并不熟悉。过去的一年已经尝试了几次，几乎是败兴而归。因此，如果我想继续在肯尼亚实现创业的愿景，目前只能靠当地的人帮忙了。

我在肯尼亚停留的时间只有短短六个星期而已，当然不可能为萨穆埃尔或其他人的人格和能力做完备的审核。我能做的，都已经尽力做了，剩下的就只能靠信任了。如果我要在短期内让Takachar在肯尼亚有所进展，信任是唯一的法门。

如果这次成功了，届时我不仅要帮萨穆埃尔投资设立一家制炭公司，也可汲取其中的知识和共享利润。万一失败了，我损失的顶多是当初从不同创新创业比赛中赢得的奖金。

因此，我把自己珍贵的Takachar婴儿，托给了只认识几个星期的肯尼亚人。

第十六章
砍掉，重练基本科学定律

从肯尼亚回到波士顿后，我只短暂休息了一个星期，便飞去加拿大温哥华和女友相聚了两天，紧接着，又搭上长途飞机，从苏黎世转机到我生平第一次造访的南亚国度——印度。

塔塔集团当天还派人来接机。想起先前我去肯尼亚，下飞机后，自己还得和路上随便搭拦的出租车讨价还价，眼前情景截然不同。

塔塔集团帮我安排好住宿，下榻旅馆属于三四星级的商务旅馆，质量比我之前在肯尼亚住宿的客房高档些。有一天和同事们在旅馆餐厅吃晚餐，空荡荡的餐厅里有七八位服务生围绕着我们七八个来自MIT的房客。他们的服务过度体贴到了令我有点不舒服；这次来印度是要和贫民、垃圾堆等接触的，而下榻的旅馆更加凸显了贫富的鲜明对比！

我和几个MIT新进硕博士生同属于"垃圾创新组"，顾名思义，我们的研究自然和垃圾有关，这次在印度的行程也聚焦于观察印度垃圾管理及分类。我们从德里开始，开车去旁遮普邦参观一个用来处理牛粪的庞大厌氧消化器。之后，来到德里北方两小时车程的工业重镇参访不同农业、造纸业及砖块业，了解他们对不同废弃物及现有的回收再利用处理作业（例如当地甘蔗废物到了造纸厂便成了纸浆）。接着飞到浦那市参观都市垃圾管理，再开车到孟买去和当地的印度理工学院谈合作机会，也参加了塔塔中心的会议。

铲子就绪

我很快就发现，塔塔中心重视的是每个学生的论文研究都必须力求务实。因此论文中除了纯理论性的研究，塔塔中心也要求学生思考自己的研究，如何能在印度或其他发展中国家的社会文化、政府政策及经济环境下实现成果。塔塔中心主任罗伯·史托纳到MIT之前曾有成功的创业经验，也与克林顿基金会在非洲及印度做了很多案子。史托纳教授上课时告诉我们一种叫作"铲子就绪"（shovel-ready）的思维，即成功的论文不仅是学术上的贡献，也有人愿意在学生毕业后拿起铲子继续努力，不论是通过学生本身的新创公司、业界合作，还是政府的新政策，将这项研究结果（例如产品或政策）推广并造福社会大众。因此在塔塔中心的必修课里，要求学生详细思考其研究产品的对象、其他利益相关者及其商业运作方式，鼓励学生将研究投入MIT校内及校外的创业竞赛，以测试其可能性。

举例来说，我同事研究一种滴灌方式，希望能提升小农的灌溉方式。她到印度面谈当地农民之后，发现她的滴灌法太昂贵，回到MIT之后，她转移研究方向，在一堂课上和其他同事研发了一个更高效能的小型帮浦

（即水泵）。在她写论文的两年期间，她又到印度五次，和当地的非营利组织和小农合作来测试她的帮浦，并听取农民建议予以改良。毕业后，她和塔塔中心另一名学生成立了一家叫作Khethworks的公司，现在在印度量产可以和太阳能板兼容的帮浦。他们的顾客是近五千万的小农，这些农民平常因为水量有限，每年只能在雨季时耕种。而Khethworks的帮浦可使农民四季都能耕种，因而大大增加他们的收入及粮食安全。2015年，这家公司还得到印度总理的亲自认可。

由于大部分的学生来塔塔中心之前都没有创业经验，因此这种教育让他们大开眼界。事实上，很多学生刚到MIT时并没有很多创业经验或兴趣，只想以后在学术界或企业里做事，然而塔塔中心让他们开始思考创业的可能性。

我的情况则不太一样。我因肯尼亚的活动而有了创业的兴趣及经验，此时我最大的挑战，在于如何通过MIT的博士论文，将本身的短期创业兴趣转化为一种较长期的技术性研发。我首先必须学的，是写一篇能受到肯定的博士论文。

筹组论文委员会，寻求建议

回到MIT已是2013年9月初，我正式开始在古奈教授的实验室做事。在此之前，我把在印度的见闻整理过后，先去请教他的意见，希望他能对我的论文方向提供一些指点。

"由于这是你的新研究，我会要求你做一份论文提案。"古奈教授说，"你必须思考这个反应炉该怎么设计才能比现在便宜，并且受到乡间农民的广泛利用，不会造成太大的维修负担。这些细节都是你必须主导的。"

我听了有些惶恐，感觉压力好大。我以为古奈教授会给我详细的研究指导，看来全部都得自己来。我从来没有设计反应炉的经验，根本不知道从何开始。"作为博士生，你必须要有独立思考及研究的能力。"古奈教授说。

因此，我先组成了论文委员会（包括古奈及史洛康教授，以及我在生物工程系的马纳里斯教授、塔塔中心的史托纳教授），接着我跟大家确定了9月底是我的论文委员会第一次聚会，所以我有三周时间来写论文提案。

确定了截止日后，接下来便开始和古奈教授实验室的同事讨论如何开始我的研究。很多同事都是做模拟的，他们对于我要研究的制炭法并不熟悉，除了给我模拟工具上的指点及论文结构的建议，无法给我太多的指导方向。

不够创新，论文被浇冷水

我也和不同的大学与炭化公司联系，想听听他们的观点。但现有的炭化技术那么多，我还真不知从何着手！

"炭化科技研究已有几十年的历史，能研究的都研究过了。"犹他大学一位教授对我说,"因此,我觉得你能在科技上做的创新已经很有限。"

听了他的话,我颇为沮丧,但也不得不同意他说的。欧洲和美洲都有十几家炭化技术公司,用的都是非常大型的高效率顶尖技术。就科技发展来说,这几家公司的背景经验似乎都比我高超许多,我凭什么认为自己的想法比他们好?

非洲和印度也有一些小型的低效率炭化技术,而且已传承了几百年。有很多类似我以前在肯尼亚所见的,就是很简单地在地上挖个坑,把生物质点火燃烧,再用土壤覆盖成一个土丘来炭化。除非我的技术比这些土丘制炭法更便宜,否则我凭什么认为我的想法对当地人来说,会比祖传的技术更具吸引力?

我想不出我能在科技上有什么施力点,因此提案打算针对系统以及制炭经济进行模拟,然后选择现有的制炭科技来建造炭炉。

在论文提案截止日前一周,我把提案草稿交给古奈教授。

"可是我很担心你的科技创新度不够。"他说,"这是博士论文,你必须做出别人没做过的创新。你回去再好好想一想。"

我有种自欺欺人的感觉,相较于现有的炭化专家,我像是一个冒牌货,既没知识又没经验就想创新炭化技术。那天晚上,我和女友谈及此时的困境。

"如果照你说的,炭化技术已经普及化了,为什么你在肯尼亚或印度乡下并未看到人们普遍在制炭,而还要你通过Takachar努力推广?"她说，"我还是觉得你得多了解现有技术的缺失，这是你做博士论文所不能回避的问题。"

我又回到文献里。有天下午我看到一篇文章，讲的是把一个生物质气化炉联结到不同的炭化科技上，发现炭化的效率可以提高。我从未思考过这种做法。我可以把这个气化炉联结到较简单的土丘上吗？可行吗？气化炉要多大？于是我也把这个想法放到论文提案上，希望可以满足古奈教授所说的"创新"。

论文报告惨遭滑铁卢

论文提案通常一个小时，我为此仔细地准备了四十张幻灯片，练习讲了四十五分钟。古奈与罗伯·史托纳两位教授在场，史洛康教授则通过视频通话的方式，他一开始就打乱了我的牌局，说他只有半小时，叫我跳到重要的地方开始讲。

我深呼吸一口气，然后从我的设计目标开始说起。"我的目标是要使制炭的效率达到最大化。"

"什么叫作效率？"史托纳问我。

"效率就是有多少的生物质进去，最后会有多少的炭出来。"我答道。

"那叫作'收率'（yield），不是效率。"古奈教授马上指正我。"你得把最基本的用词搞清楚。"

我接着讲我的计划是试着把气化炉联结到土丘上，看能不能增加炭化的收率。

"为什么要用气化炉？为什么要用土丘，而不是别的设计？"古奈教授接着问，"你有科学性地排除其他设计吗？"

我没有。

"让我提醒你，我们今天在开的是博士论文委员会，不是一家公司的董事会。"古奈教授接着说，"今天我坐在这里，看到你对于炭化基础物理和化学的了解都没信心，我凭什么对你所说的设计有信心？同时，我觉得你这个气化炉及土丘的提案一点新意都没有，别人都已经做过并刊出了。"他说，我的心则直往下沉。"博士论文的宗旨是要增加知识。所有的创新，都是源自于对科技最基本的认知。"

"我同意。"史洛康教授说，"我看过世界各地很多不同的新创公司，有很多都是在没有科学支撑下因过度承诺而导致失败。详细研究物理和化学对你来说可能很枯燥，没有创业的兴奋感，但你身在MIT，我们有责任逼你要对基本科学有充分的理解。"

"而且你现在的研究累积，日后都会成为你的公司面对市场不公平竞争下的优势。"史托纳教授说，"我知道你过去喜欢直接去不同乡村测试小型的制炭科技，可是你有没有想过，为什么这些科技都是区域性的，无法大规模化呢？如果你想要成功，或许应该跳出这个框架。"

我所有的防御一下子就被论文委员会批得体无完肤，我觉得自己根本就是在浪费三位教授的时间。

"谢谢你们的建议及批评。"我说,"我会更加谦虚受教,你们放心,我会积极去面对挑战。"在我的提案完全瓦解时刻,在没有任何科学基础能支持我时,为了不让自己丢脸,这是唯一我能对教授们说的话。我只想赶快结束这个让我无地自容的论文委员会,挖一个洞躲起来。

重练基本理化原理

我发现我在过去几个星期,为了了解各种五花八门的炭化技术,反而因此被瘫痪了。而我一直迟迟不对制炭技术进行深入理解,是因为这看起来是一项极端艰巨的任务。可是就如女友说的,这是我无法逃避的事情,迟早都得面对。我发现,首先我得对博士研究及其标准有更深入的了解。

我更详细地研读了一些最近实验室同事写的博士论文,并和他们碰面讨论一番。过了不久,我又和古奈教授碰面。

"什么是博士学位?"这是我鼓起勇气问他的第一个问题。

"博士学位是学术界认同一个人有自己的独创想法,可以自信地面对他人的挑战,并依照这个想法对世界做出一番独特的贡献。"古奈教授回答。

"您说的是在刊物上发表文章吗?"我问。

"那是其中一部分,通常是在有声誉的刊物上发表三篇。"教授回答,"但也有可能是具影响力的专利发明。"

我对他陈述了我未来几个月的计划。"请问您觉得这是朝博士论文的正确步骤吗？"

"我觉得这是一个正确的方向。"他回答。可是我心里有数，这条路仍然十分漫长。

"我们下一次什么时候再碰面讨论呢？"我问。

"等到你有一些初步结果时。"他说。

古奈教授推荐了一些文献给我，我则开始研究别人如何利用物理及化学原理来模拟炭化的过程。我已经有八年没有接触这类方程式了，但就像骑脚踏车，这些能力多年不用之后，虽然变得生疏，却不会被轻易遗忘。这些文献又引用更早的文献，我因此得以把现今的炭化知识一路追溯到源头，也慢慢了解了其中的逻辑。

于是，我的论文研究方向慢慢成形了，从最基本的物理及化学原理开始，思考这些过程在生物质颗粒上会如何进行，然后这些单一的生物质颗粒的行为必须被整合到一个反应炉的设计中。这也可以导出反应炉最终的行为，用以计算所需资金及运营成本，并进行优化。换言之，我的论文是多尺度的制炭模拟，从最小的分子到最大的反应炉，并考虑由一个小尺度升级到另一个大尺度时，能否运用一些简化的计算式来做估计。

看了一两个月的文献之后，我也开始牛刀小试做自己的模拟。很多程序码同事都有了，我也为炭化写了一些程序。

一开始，我问的第一个问题是：如何把椰子壳烘干？我选择"烘干"，是因为这是生物废料炭化前必经的步骤。若我能了解烘干的原理，就有信心挑战炭化的模拟。

"为什么要研究烘干？"女友不可置信地问我，"把椰子壳丢到烤箱里就烤干了，为什么还需要你的模拟程序？"

没错，表面上看来，"烘干"是一个很寻常、不值得作为博士研究的过程，但我慢慢地发现，世界上真正了解烘干过程的人不多。试想椰子壳因为有厚度，因此内外的烘干程度并不均匀，我必须有个导热公式去描述这个不均匀的分布。例如，如果温度太低或时间太短，虽然外面已经干了，但里面仍是湿的；如果温度太高或时间太长，那就是在浪费能源。而不同的有机废物，如玉米梗、米糠等，形状都不同，因此烘干的方式也不同。有时候，我在文献里找不到我想要模拟的常数，还得自己做假设。

在彻底了解烘干过程之后，我小心翼翼地加入炭化的化学公式。因此，我的模拟又更加复杂了，进而得以开始了解不同的生物质废物的炭化行为。

在MIT的导引下，我的论文研究从最纯粹的工程定义开始，应用基本科学的知识来解决问题。我踏出了第一步，而未来还有很长一段路要走。

第十七章
放手转型

我在2013年7月离开肯尼亚之后，就把肯尼亚的制炭公司交给萨穆埃尔。我每个月凭收据汇钱给他，支付他的薪水及公司的运营费用。

同时，萨穆埃尔在姆韦进行的米糠炭化虽然很顺利，可是9月初的某一天他打电话给我，说测试出问题了。

"我们把炭化过的米糠炭块放进炉灶里烧的时候，发现炭块的外层马上被厚厚的灰烬覆盖了。"萨穆埃尔说，"热度不足，连水都无法煮沸。"

"你用了哪种黏合剂？"我问他。

"木薯粉。"他说。

"试过其他的黏合剂吗？"

"没有。"

"换一种看看会不会好一些。"我说。

接下来几个星期，我们用不同的黏合剂来制炭，包括纸浆、阿拉伯胶，甚至牛油果和芒果。我们做了不同的剂量、不同的压力等系统式测试，结果都一样：炭灰太多了。

令我十分纳闷的是，我们2012年1月在鲁姆鲁提测试的炭块非常顺利，煮饭也没问题，为什么在姆韦就不能复制？

我请鲁姆鲁提的人送来一些样本，我们想了半天也想不出个所以然来。

有天早上我起来时，忽然顿悟：问题不是黏合剂，而是米糠。米糠本身含灰量非常高，所以尽管我们试了不同的方法，都无法克服这个问题。

我们可以用米糠以外的低灰废料来炭化（如鲁姆鲁提的玉米废料等），但我们已经购买并炭化了一大堆的米糠，该怎么办呢？

转型I：环保炭蚊香

萨穆埃尔不知从哪里变出一个客户出来，想要买下我们五吨的米糠炭粉。他告诉我："顾客是肯尼亚一个很大的蚊香制造及批发商。"

"他们要买我们的炭粉做什么啊？"我问。

"在肯尼亚，很多家庭的夜里都会点蚊香来驱蚊。"萨穆埃尔解释，"而目前肯尼亚大部分的蚊香都是用锯木屑末混合杀虫剂制成的。但现在锯木屑末太贵了，他们觉得我们的炭粉比较便宜。"

然而，五吨对我们来说是一笔很大的订单，我们只有三位员工，花了一个多星期也才制作出一吨多的炭。离订单的交货日只剩一周了。

"工厂员工已经连续加班好几天。"萨穆埃尔说，"再这样下去，恐怕他们都要'闹革命'了。"

"无论如何，这笔订单不能跳票。"我说，"我们可以多雇几位临时工来帮忙吗？"

于是，我们又在姆韦雇了五位临时工。在日夜赶工下，最后在2013年12月20日顺利出货，公司终于有了成立以来的第一位顾客，而他购买我们产品的意图完全出乎我们的意料！

之后，萨穆埃尔和我便往这个新的产品用途来开发。

我也自行做了一些研究，结果发现制造蚊香的锯木屑末不仅昂贵，如果燃烧不完全，还会产生大量的烟。有份研究指出，一个家庭燃烧一个蚊香所释放出来的烟，相当于一百三十八支香烟的量！

我还发现，如果把锯木屑末换成炭粉，不仅可降低蚊香的成本，还能使蚊香燃烧所释放出来的烟降低约九成。这是一种低毒性蚊香。

由于其创新性，我也以新的案例来申请MIT全球创意挑战竞赛，并在2014年春季获得银牌奖，拿到七千五百美元的奖金继续发展这项产品。

2014年春天是该产品的黄金期，我们每个月都会接到这家蚊香公司的大笔订单，那时我们的全职员工很少，光是应付这个客户的订单就得忙将近一个月。有时候实在忙不过来，就会聘请临时工帮忙。当地的村落本来就没有很多就业机会，因此年轻人很乐意偶尔来做些活。

我们也花钱盖了一个新的储物棚，添购了一台搅碎机。我们的制炭速度因此加快许多，不像以前那么辛苦了。

可是好景不长，虽然每个月都有收入，但我每个月还是得汇钱去，才能避免公司破产。我们后来做了详细计算，发现制造炭粉的成本其实比卖给蚊香公司的价格还高,所以我们一直在做亏本生意。

"如果我们能够稍微降低制造炭粉的成本,或稍微提高卖给蚊香公司的价格,我们或许可以成功。"我这样对萨穆埃尔说。

但萨穆埃尔不是那么乐观。"肯尼亚的蚊香几乎被这家公司垄断。"他说,"除非我们改头换面,成为该公司的竞争对象,否则我们在价格上根本没有谈判空间。"

萨穆埃尔和我决定为此问题各自思考一周。

转型II:开发生物炭肥料

我在这一周内想了一些可以降低制造炭粉成本的方法,我把这些想法说给萨穆埃尔听。

"我去参观了肯尼亚的农业研究组织,"萨穆埃尔说,"发现我们的炭粉还有另一种用途,可以拿来当作生物炭肥料。"

原因是炭粉本身是多孔性质(生物炭),因此研究发现,在某些情况下可以保留养分及水分在土壤里更长的时间。另外,当地的土壤呈酸性,并不适合稻米和其他一些农作物的生长。而炭粉本身是碱性的,可以中和土壤的酸,或许能够增加稻米的成长和收成。

"你怎么会想到生物炭?"我问他。

"我以前是学农业管理的。"萨穆埃尔说,"我小时候帮祖母耕地时,有时会看到她泪流满面地说农田土壤被酸化了,收成年年减少。我永远忘不了她当时的表情。"

萨穆埃尔也告诉我,他已经开始和几位当地的稻农测试这种肥料。

"那我们的蚊香生意怎么办呢?"我问他。

"如果这家蚊香公司继续下订单,我们可以继续出货给他们。"他说,"可是我觉得若朝生物炭的方向去发展会更有前途。"

我原本对这个走向抱持十分怀疑的态度,因为我们的蚊香已经有些机会了,为什么要放弃呢?

虽然我以前也听说过用生物炭做肥料,但我认为别人都试过了,本身也没有什么与众不同的特色。譬如,我以前有个朋友就在肯尼亚开了一家生物炭肥料公司,后来因为种种因素没有成功,结果在2013年关门大吉。

我试图劝阻萨穆埃尔,但是他听不进去,坚持要往生物炭肥料的方向发展,搞得我有段时间非常头痛。

但是有一天,我忽然看开了,萨穆埃尔才是主导此创业的主人翁,而不是我。他花了二十几年的时间来思考、了解当地农民的需求,而我对此一无所知。以前VMS的导师就跟我说过,创业的形式有很多种,不是每个人都适合当冲锋的英雄。此时此刻,冲锋的英雄是萨穆埃尔,我只是扮演辅助者的角色。

放手交棒,共同创业有成

我先前所做的一切,不过是准备慢慢地转移这个创业故事的主角。一开始，萨穆埃尔和我是雇主—员工的关系。然后，我们渐渐地变成了生意伙伴，他不再是我的员工，我们两个变成平等的关系。

我观察发现，MIT很多在学的学生组队出国去创业（包括以前我自己参与的队伍），所犯的错误都是一直坚持自己才是故事的主角。如果主角因为课业或研究繁忙，而有百分之九十五的时间都不在故事内，那么这个故事不但不精彩，反而会拖累了整个创业的进程。因此，史洛康教授以前和我说可以同时做博士论文兼创业，其实是一种误导的观点。当我在博士论文上多花一些时间，我在创业这部分就得有一些退让，才不至于像以前一样让自己心力交瘁。

我必须承认，放弃原有的控制权并不容易，我一开始也不是那么心甘情愿。萨穆埃尔那方也有一些阻力，因为他误以为我退出就表示我不会再像以前那样关心公司了。为此，我们光是谈未来公司的愿景，就花了将近两个月的时间。后来讨论公司股份分配，也花了三个月的时间。

所有这些讨论都是建立在信任的基础上，同时我们之间的互信程度也随之提升。终于，2015年2月，我们在肯尼亚正式成立公司。这家肥料公司命名为Safi Organics，未来会继续在肯尼亚扎根、发展。由于目前在肯尼亚，这种既可获利又有助于减少环境污染的社会企业并不多见，这让我们受到广泛的瞩目，几乎每一两个月就会有媒体来采访，之后也得到法国道达尔石油公司（Total）举办的创业大赛头奖。

除了这些媒体报道和奖项，最令我欣慰的是我们实质改善了农民的生活。举例来说，有位稻农以前因为过度依赖一两种人工肥料，导致他的土壤酸化。当他开始使用我们的肥料之后，他的收成已经增加了约三成之多，这也增加了他的收入。去年，他不仅有了足够的收入可以支持他三个小孩上学，也为他的农场购买了一台新的拖拉机。现在，他常常带着附近农民参观他的农场，以及讲述我们的产品如何帮助他实现这一切。两年后，我们已经有了一千多个这类农民客户了。

另外，我们也为乡间创造了新的就业机会。以前，很多肯尼亚乡间的年轻人都必须离乡背井，移居到奈洛比的贫民窟去找大都市的工作。当我们在村落成立了肥料加工厂后，这些年轻人在当地就能谋职。我们有名员工本来没有工作，但进入我们公司后两年，勤奋的表现让他获得升迁，晋升管理阶级的职位。现在他想就读商学院，让自己的职业生涯更上一层楼。

这家公司经过几年的努力，从一个MIT学生小小的试验项目，发展成一个由一队当地的肯尼亚人全职经营的公司，在现实世界扎根。这家公司未来仍会面对很多挑战和波折，但本书旨在讨论MIT教育的环境，不是关于这家肯尼亚新兴公司的旅程。因此这个故事就到此打住，不过我与这家公司间的故事还是会继续。至今，我每年仍会抽空一次去肯尼亚了解公司的现况，除此之外，每两周会与总裁萨穆埃尔通话，共同讨论及规划公司的下一步。

那我原来的燃料公司Takachar呢？

我当初协助创立的公司转型为肥料公司，是因为我们用的米糠并不适合做燃料。因此计划中的公司成了现在的Safi Organics。后来通过朋友认识了另一家肯尼亚的新兴公司，他们想把乡间的甘蔗废料转换成一种无烟燃料，卖给家庭和企业。他们也邀请我加入公司的咨询委员会。

这个计划听起来和我当初的Takachar非常相似。我要接受邀请去帮忙他们吗？还是另外在肯尼亚雇人以Takachar的名义和他们竞争？

有了和萨穆埃尔合作的经验后，我很清楚，要是销售燃料等生活用品给当地人的话，我个人的技能是无法和他们竞争的，因为就像朱斯特教授说的，我不会说史瓦希利语，不懂得怎么在肯尼亚销售，在当地认识的人当然也没有他们那么多。

所以，我接受了他们的邀请。2015年我再度造访肯尼亚时，专程去拜访他们，参观他们的工厂。这趟参访使我对于制炭的认识受益良多，我也有机会把一些新的制炭想法带到他们的工厂进行测试。现在，我几乎每个月都还是会和公司总裁保持联络，和他讨论技术上的挑战，他们在市场上的学习经验，我也会随时加以吸收。

2015年，我在印度开始和一家类似的新兴木炭燃料公司合作。

我由此观察到Takachar本来的梦想，随着我帮助这些公司创业时，慢慢地在世界各地实现了。当然，这要归功于当地人的努力，我只是提供适当的辅助和建议。

现在看来，当初我想辍学只身去肯尼亚创业的想法，是多么天真烂漫啊！最终，如同我在MIT的创业导师所言，创业的路径是多元化的，虽然有时一开始看不清楚前方道路，必须参考前辈的脚踪，但是只要肯努力，愿意在失败中学习，我也会慢慢找到适合自己的创业方式。

175

重新定位Takachar

那么，我要问的最后一个问题是：未来我会用什么方式来创业？Takachar现在到底是什么样的公司呢？世界还需要Takachar吗？

当我协助这些公司发展的同时，我有时也会有这样的疑虑，认为它们已经完全取代了Takachar。

可是，我后来渐渐明白，Takachar对我来说不仅仅是一家公司的名称，而是一个使命的实体化。它代表我人生的旅程和梦想。当一个使命不再被世界需要时，我可以让它转型，成为另一个值得努力的使命。

我在和这些不同的制炭公司合作期间，发现他们的制炭技术有许多不足之处。很多时候，这些缺陷造成了公司扩展缓慢，或无法使用某种废料。

虽然我不擅长在肯尼亚或印度做销售，但我在MIT擅长的是改良技术的缺陷，这也成了我博士研究的一部分。我脑子里想的是新一代的制炭反应炉，可以大大帮助现有的制炭公司，也可以帮助其他乡民制订他们自己的制炭流程。

我的博士论文所研究的科技是我待在MIT的最后一个使命，因此Takachar已和我的博士研究合而为一，没有任何矛盾或冲突。未来，当我的反应炉研发成功时，我也可以组队成立自己的Takachar公司，进行商业化的制造和销售。

○ 校园放大镜

百年大雪

2015年年初,波士顿下了破百年纪录的大雪,总积雪量达到了两百七十六厘米高。

大雪是从1月26日开始下的。我很幸运在暴风雪来袭的前一天就从印度赶回波士顿,有些在印度的同事赶不及回来,大雪使得波士顿机场的航班被迫取消了好几天,结果大家就被卡在印度或阿姆斯特丹而回不来。

MIT在26日傍晚便开始停班、停课。不久,公交车也停驶。紧接着,政府宣布禁止车辆在路上行驶。

大雪整整下了一天半,路上除了偶尔来回的铲雪车,格外的宁静。大家都窝在宿舍里,无法外食,只能在宿舍里煮东西填饱肚子,常常一不小心就把食物烧焦,火灾警报频频响起,搞得大家三不五时就要撤离到外面的暴风雪中。

当第二个火警响起,我实在受不了了,便披上大衣,冒着风雪撤离到没人的办公室去工作。

大雪停了之后,街道完全变了模样。很多学生聚集到MIT开始打雪仗。没有多久,连校长也现身了。有些学生甚至不忘搬出他们造好的机器车,在雪地上测试。

我记得在2月期间，几乎每个星期都会因为暴风雪而停班停课一两天。路上的积雪全被铲到宿舍后方的停车场堆高，很快就堆成一座五层楼高的小山丘，我们把它称为"剑桥峰"，吸引了很多学生结伴来此"登山"一游。有人还把宿舍烤箱的铁盘带去，当作滑板开始滑雪，大家玩得不亦乐乎，直到校警出现把群众驱离，在"剑桥峰"周边围上了铁栅栏。但是后面几天，我从宿舍望出去，偶尔还是会看到有人偷溜进去玩。"剑桥峰"的冰雪直到五六月左右才完全消融。

脑筋动得快的人抱着好玩的心情，在波士顿成立了一家公司（网址为：https://shipsnowyo.com/），专门把路上夸张、离谱的积雪用空运的方式卖给全美国的消费者。听说这个做法让他们生意兴隆，卖出了近一万磅的雪，因为原料几乎是免费的，公司大发利市。

有很多人是百般不情愿前来波士顿求学，因为当地的冬天是出了名的酷寒。有时3月底还在下雪，我真恨不得MIT能在热带地区设立一间分校。可是几个寒冬下来，我反而沉浸其中，忘不了暴风雪过后，那一片片松软的雪花在夕阳映照下随风起舞的绝美风景！

第十八章
破解"鲁蛇"心态

在我钻研炭化模型几个月后，古奈教授开始问我要怎么设计我的炭化反应炉。

我从与肯尼亚制炭公司合作的经验中，心中已对这个反应炉样貌有了粗略的设想，但还没有一个确切的设计，所以不知从何下手。我面临的问题是，虽然我知道很多设计的可行性，但我不确定这些设计能否在肯尼亚或印度乡下加以制造及运作。

因此，2014年1月第二次去印度时，我也想再仔细地看看当地研发的炭化机器，以激发我的设计灵感。我先到卡威（Karve）博士的单位，花了一两天的时间观摩当地人如何制炭。有一天早上，我盯着压缩炭块的机器看了好几个小时，这部机器是用马达来发动的，发出嗡嗡嗡的声音。工人从上方喂食炭粉及黏合剂，下方出来的就是炭块。

忽然间嗡嗡声停止了，原来是机器坏掉了。工人面对宕机只是耸耸肩，接着不慌不忙地把机器拆开来修理，不到二十分钟，机器再度启动嗡嗡嗡地运转了。

这时，我似乎有点开窍了，原来我最终想设计出来的机器大小和效能就必须像这样，万一发生故障，现场就能解决。

问题是，我到底要怎样设计我的机器呢？我的心中仍然没有明确的答案。不过，我现在已经开始想象人们在印度乡间使用它的情景了。

从印度回到波士顿的飞机上，我开始在笔记本上涂鸦，试想着各种不同的设计，有的和我在印度所见的雷同，有些纯粹是天马行空。其中一款设计较合我意，但当我计算这个反应炉的导热值时，发现它不够大，这表示它无法使炉中的所有生物质都被充分加热。

这是一个非常令人困扰的难题。回到MIT后，我求教于实验室的同事，看看他们有没有解决办法。

我们站在白板前一个半小时互相脑力激荡，但似乎都无法解决这个问题。

"或许你可以在反应炉中投入很多加热过的石头，帮这个反应炉加热。"一位同事在大家沉默几分钟后如此说。大家都笑了，因为这根本是不可行的荒谬想法。看来，大家都已经想到脑袋发昏、没有别的主意了，我不得不请教史洛康教授，毕竟他是设计专家。

"我觉得，只要能解决这个导热值的难题，就能有个十分精美的设计了。"我告诉他。

"物理才不在乎你心中的感觉，也不在乎你的设计精美与否。"史洛康教授泼了我冷水。"你的设计违反了物理定律，你再怎么求我，我也无法帮你解决。你必须想出其他不违反物理定律的设计。"

我又垂头丧气地回到白板前面。最后，我对我的设计做了一些大幅度的修改。导热值的问题解决了，但我的设计却复杂许多。到了2014年初，我才终于有了第一个设计，一个我认为可以在印度乡间被制造及维修的反应炉。

以前，我一直以为，MIT的各项发明都是极端聪明者的瞬间灵感之作。我后来渐渐发现，这种发明可说少之又少，因为绝大部分的瞬间灵感一开始都是错误的，必须经过改良。大部分的发明都是尝试后再尝试、改进后再改进，逐步完善而成的。

毫无逻辑的差劲设计

有了第一个设计之后，我必须开始了解这样的设计在不同情况下的运作，因此我写了一个模拟程序（用我之前的烘干及炭化椰子壳的程序）。花了将近三个月的时间，我有了一个庞大的程序，大约需要在八台计算机上运行十二个小时才能完成一个模拟的情况，有些笨重，而且时常宕机。无论如何，我终于有了初步结果，恨不得赶快和我的论文委员会教授们分享。

我的第二个论文委员会会议安排在2014年5月。我为此准备了约六十张幻灯片。结果讲到一半，一位教授睡着了。当我讲了约四十五分钟时，古奈教授打断我："我的脑袋被你搞得非常糊涂。我完全不懂你这些乱糟糟的公式。而且我也不同意你对于温度的说法——炭化温度太高反而导致能量不必要的损失。"

我不同意古奈教授的说法，如果炭化温度太低，反而会导致燃料质量不佳。

"你证明给我看。"古奈教授说。我试图解释我的模型，但他还是觉得杂乱无章，无法理解我的逻辑。这时，我说得也有些恼怒了。

"论文委员会的一个小时已经到了。"古奈教授最后说，"我还有另一个会议得赶过去。你把你的模型结构全部写出来给我看。我们下星期再继续讨论。"

我照做了，深盼这份四十页的详细文件会比我的解释更加清晰。

一星期后，我和古奈教授有了后续的谈话。

"我读过你的文件了。"古奈教授说，"写得非常糟糕，我都打算要把你给当掉了。"

我有点惊讶，紧张得连吞咽口水都觉得口干舌燥。

"这份文件表明了你脑袋现在一片混乱，毫无逻辑可言。"古奈教授继续说，"你的模拟方式完全错误。"他解释，一个好的模型必须简明易懂，可以轻易地提取不同变量之间的关系。这时我才领悟到，我连这个最基本的因果关系都没有彻底搞清楚，又如何能百分之百确定我那复杂的模型是对的？

他要我把现有的模型全丢到垃圾桶里，从零开始。他认为我一开始应该把反应炉的模型简化成最简单的黑箱，这个黑箱模拟虽然不精确，有很多错误，但我应该尽可能从黑箱中观察不同的关系。等到都理解透彻后，再进一步把模型更复杂化。

我与古奈教授的会面再次铩羽而归,觉得我彻底浪费了他的时间。而我也浪费了过去几个月的时间,因为我先前写出来的所有模型都不能用。

自创"感冒论",走出沮丧

晚上睡觉时,我做了一个梦。在梦中,我回到了那位面目和善的教授课堂上,正在写期末考的考卷。考题不多,但是很难。我解了很久,都没什么进展。

这时教授走到我身边,惊讶地问我:"你怎么还在这里,还没毕业?"

其他学生马上朝着我看。我看着一张张陌生的脸孔;我认识的同届学生大多已经毕业了。我是最落后的学生。

我从睡梦中惊醒后,辗转难眠。我想起了麦特的故事。他也在MIT待了很久,但至少他在毕业前就已经在非洲成功地测试了博士论文中探索的科技。而我的博士研究至今已经要进入第六年了,不要说打造反应炉了,我连最基本的模拟都不会做。

"你是一个彻头彻尾的失败者。"我的脑海中有个声音在说,"人家麦特是真正的工程师,有多年的工作经验。而你之前一点工程经验都没有,是个冒牌货。你不会机械设计,也不会模拟。你正一点一点地露出马脚。你的研究终将一事无成。"

听着这个声音，我不禁潸然泪下。

但另一个声音接着响起："这种把你自己和别人比较的心态十分危险，它可以彻底毁掉你。你不是麦特，也不知道他这一路上经历了什么样的艰辛和挫败，你所看到的只是他最终的成果而已。你不要想太多，只要专心做好当下的每一步就好，其他自然会水到渠成。"

"何况，"这个声音话锋一转，继续说，"如果你真的是冒牌货，那也不是你的错，那是MIT判断失误。该被归咎的是MIT，不是你。"

两种声音在我心中拉扯着，尽管难过沮丧，第二个理性声音终究还是略胜一筹。接下来几天，难免还是会郁郁寡欢，但是我也逐渐理解，这对经历挫败的人来说是正常的情感反应。只要我不被它牵着鼻子走，平和地面对它，沮丧和自我贬抑只是暂时的，就像罹患感冒一样，很快就会痊愈。

这就是我所谓的"感冒论"。在MIT，面对挫折、觉得前景不明或对自己毫无自信时，都需要一种应对策略；有人会大哭一场，有人会借助激烈运动，或是和亲友、校医详谈，我的应对策略则是调侃自己，说："你又感冒了！"

虽然"感冒论"听起来有些荒谬可笑，但是对我的精神健康至关重要。我当救护员时，常常要照顾一些罹患忧郁症或企图自杀的学生，这些年来，我身旁也有两位学生真的轻生了，很多学生在MIT的高压环境下，精神状态逐渐走下坡，很多时候便是从"我是一个彻头彻尾的失败者"或"我是一个冒牌货"这样的念头开始的。而我这种半接受却又半调侃的

"感冒论",是我在偶尔忧郁时企图拯救自己、拒绝让忧郁演变为长期精神失调的有效方法。

自助人助,拨云见日

2014年6月,我把我的模型全部重写,这段时间我几乎是以图书馆为家,因为必须重读很多模拟方面的教科书和文献,再加上我写好新模型之前,实在没脸回办公室工作。

到了7月,我的"黑箱模型"已经大致完成,所以我把它呈交给指导教授,又和他讨论了一次。虽然还是有些小地方要修改,但我的模型大幅提升了我的自信心和说服力。8月后,我开始把黑箱模型复杂化。

可是模型总归是模型,无法完全取代实体的反应炉,因此从2014年秋天开始,史洛康教授开始催逼我根据模型打造实体设计,包括反应炉要多高、多宽?如何一步步建造这个反应炉?

"古奈教授要你做模拟,目的是要你为自己的研究问题做足分析。"史洛康教授说,"但是,光靠分析是不足以得到所有答案的。机器设计及实体操作才是唯一能够印证你的分析的方法。"

我对机器设计毫无概念,生平从来没做过,也不会用任何工程制图软件。因此我画出来的工程图一开始就像卡通图案似的,缺乏细节。史洛康教授看了直摇头。

"我录用了一位新进机械工程硕士生梅根(Megan)。"他说,

"梅根对于机械设计很有经验,也对这个炭化反应炉很感兴趣。你去和她谈谈,看看她能否帮你设计。这部分的设计说不定也可以成为她的硕士论文。"

梅根是加拿大人,除了机器设计,也热爱户外运动。她以前发明过一种新型医疗器材,因此有些创业经验。

我跟她解释了我的模型,并说明这部反应炉所需的尺寸等细节。她马上说我的设计有很多不切实际的地方,例如在反应炉顶端装个像甜甜圈但挖空的管子。

"这个甜甜圈是做什么用?"梅根指着那部分问我。

"这是可以均衡地注入更多空气,使反应炉的燃烧更完全。"

"这个甜甜圈的形状很难用铁皮制作,做起来会很贵。而且建好后放在炉子上方这里,以后没办法清理维修。"梅根说,"我们得想想别的设计方法。"

我们把整个反应炉的设计分成七个组件,每个组件都考虑到如何设计才能便宜、容易建造和维修等,同时考虑不同的组件如何组装。这也是史洛康教授最擅长的地方,因此他常常加入我们的讨论,给我们一些指导意见或他的经验。

2015年年初,史洛康教授把我们介绍给他合作很久的一位机器制造商,开始为我们不同的组件进行估价。这个制造商也给了我们更详细的设计建议。

整个设计过程花了将近一年。一开始,我只会画卡通似的设计图,经过了一年后，在史洛康教授及梅根的帮忙之下，我学会在设计中考虑每一个螺母及螺旋的位置和组装细节。

这时，古奈教授实验室年长科学家桑托什（Santosh）也开始在我的反应炉设计上助我一臂之力。这个反应炉需要连接到可燃气体上，而且我们得把气体点燃，过程中需要注意操作安全，否则一不小心就会造成火灾，甚至爆炸。桑托什有很多设计燃烧系统的经验，因此很有耐心地教我如何设计及控制火焰，并在不同的地方放上安全阀门。

很多人看到我的设计，都以为我是机器设计专家，已经从事设计很多年。但是事实并非如此。我是在毫无经验的背景下投入我的研究，而MIT一开始也从未要求我必须要具备这类经验，也不在乎我可能是一个"冒牌货"。反而是在我最不足的时候介绍了适当人才（如梅根及桑托什）给我，给予我详细的指点。我也发现，只要自己肯下功夫，在耳濡目染下，一个冒牌货也可以在一年内摇身变成专业的机械工程设计师。

因此，我在2015年夏天召开了我的第三次论文委员会会议。我从模型开始讲起，然后呈现了梅根和我做出来的设计，并且和在场的史托纳教授商议，请塔塔中心核准及拨款来建造这部机器。史托纳教授轻易地就同意我可以开始"大兴土木"了。

第十九章
火烧机器

建造反应炉的制造商位于波士顿北方两小时车程的新罕布什尔州。由于反应炉太大了，MIT的实验室容纳不下，因此我们同意会在制造商那里测试完毕。2015年9月前测试完毕后再拆装带回MIT，刚好可在9月底的塔塔中心年度大会中展示。

问题不断，迁怒他人

9月初，制造商说机器不同的组件都已建造完成。桑托什、梅根和我驱车前往新罕布什尔州制造商的厂房去检视零件。

我们马上发现了一个恼人的小问题：我们当初是依照最终的运作功能来设计机器，并没有细想该怎么安装中间测试过程中所需的仪器，像是出气口。我们的设计只是一个大洞，没有考虑到如何连接到可控制空气流量的仪器上。因此，我们的反应炉虽然可以运作，却无法给予精确的科学数据。

这个小问题渐渐地变成了一个大问题，到了9月中，大半个反应炉都得重新设计，原本在塔塔中心大会要展出的计划也因此跳票。我的指导教授感到十分失望，觉得我们在印度来的嘉宾面前丢尽了脸。

新的设计到10月中结束，又重新发包给制造商。建好时已经10月底了，我们又马上开车去测试。结果空气注入口的模拟似乎不正确，一直无法使母火维持稳定，一下子就熄灭了。

桑托什灵机一动，把一个瓦斯炉小心翼翼地拆开来，连接在反应炉下方。结果在经过几天的失败又改进后，成功地使母火保持稳定。

偏偏这时梅根主导设计的生物质输送系统出了问题，我们用的木屑常会卡住系统，无法连续喂食木屑。梅根回到MIT之后，又加盖了一个搅拌机来均匀混合木屑。我对于做这个搅拌机并不是很高兴，觉得我们愈处理愈复杂。

这时我的压力很大，加上看到梅根的输送系统修了半天还是有很多问题，感觉整个人都要失去耐心了。我觉得我自己设计的反应炉加热装置已经没问题了，唯有梅根的输送系统导致整个测试拖延，于是我开始把错误怪罪于她。

梅根听到了我的批评，觉得不以为然。史洛康教授知道我们的争执之后，认为我很自大。

"你既然对自己的成品那么有自信，在梅根修理输送系统时，为何不帮你自己的反应炉做加热测试？"他反问我。

这时已经11月多了，整个测试过程拖延得令我十分焦急，于是我照着史洛康教授的建议来测试反应炉。

因此一天下午，我小心翼翼地喂入木屑，慢慢打开瓦斯炉加热。两个小时后，有东西开始从反应炉出口出来。我们发现那不是炭，而是巨大的火焰！这可不行！火焰由下往上烧，不仅会烧坏昂贵的仪器，要是再烧得更猛烈，我们就无法控制这个火焰。

我马上喊停。大家迅速往反应炉各处浇水，两分钟就把火势扑灭。制造商看到这一团火，吓得他一身冷汗，告诉我们没把这个问题解决之前，他不会允许我的反应炉再进他的工厂。

反应炉冷却之后，我们开始检视损害。大部分的结构都还可以使用，不过有几条连接温度计的电线都被烧断或烧熔了，我得再买一个新的温度计来加以换新。

一肩扛起失败责任

这时已经12月了，修改反应炉的资金已经快用完了，因此桑托什和我碰面，讨论下一步该怎么走。

"这个测试过程太冗长，也太昂贵了，而且有很多核心缺陷得好好检讨。你应该停止测试，重新思考你的研究方向，做一个新的、小一点的设计。"桑托什说。

"我们花了好几个月建造好的机器，目前才测试了两个小时而已。你凭什么现在就轻易放弃呢？好歹再给我几次机会。"我有点恼怒地回答他。

"如果你设计的是飞机,结果却造了一辆汽车,然后测试汽车不会飞时,你试图把机翼黏在汽车两旁,这便是一个从基础上就有缺陷的设计。"桑托什说,"这种缺陷不需要反复测试,只要一次不行,就得回到白板上重新开始。"

"再给我五千美元,再给我一个月的时间,我就可以修好起火的问题。"我坚持说。

"如果你真的能做到的话,我请你吃饭。我再重申一次,会起火的机器,会卡住的输送系统,这些都是核心缺陷,不是你随便加一个补丁就能快速修理好。而且即使你把这些问题修好了,能担保反应炉没有其他缺失吗?"桑托什反驳,"你想要十年后还待在这里做博士研究吗?"

"当然不想。可是我觉得我从这部机器上还可以学到一些新的东西。"

"就算你可以学到新的东西,但这些东西能用在你的博士论文上吗?你能担保自己可以完全掌控这部机器,在稳定的情况下给你可以重复的科学精确数据吗?即使哪天这部机器真的在某种情况下成功了,你只是侥幸走运而已,根本不是靠深度了解内部的运作来了解成功的原因。"

桑托什看我一直执着不放,于是私底下去见古奈教授谈了我的事。古奈教授给我一个月时间修复这些错误。结果我又来来回回了数次,还是没办法解决反应炉自燃的问题。一个月飞快地过去了,经费也花完了,我不得不向现实低头。我也告知梅根,因为反应炉本身的设计就有问题,在我解决好之前，她的输送系统不必修了。

于是我在2015年圣诞节前两天，租了一辆大车去制造商那里，把反应炉的所有零件塞满一整辆车。当我独自开着零件已堆到车顶的车从高速公路返回MIT时，脑子里不断盘旋着一个疑问：我们花一年完成的设计，小心翼翼地采纳了大家的意见，最后落到这种地步，究竟是谁的错？是史洛康教授的设计建议有瑕疵吗？还是古奈教授没有针对我的导热模型给予充分指导？抑或是梅根帮我设计时，没有彻底去了解反应炉系统的行为及需求？

想来想去，最后我得承认，唯一能怪罪的人就是我自己。以前我在救护车队担任志愿者时，学到怪罪别人都没有好下场。而现在反应炉测试不成功，当我试图把责任推给别人时，只是一种鸵鸟心态。

以前，我和史洛康教授、古奈教授或桑托什碰面时，总是有着把他们当神一般的心态，因为他们是这个领域的顶尖，而我不过是刚起步的学徒。因此每当教授对我的设计有新的建议，我总是立即遵照他们的建议去更改，毫不质疑。梅根虽然比我年轻，但她对于机械设计的经验远比我多，我也几乎从来没有质疑过她的建议。

可是我渐渐体会到，如果我要为自己的研究负责，就不能囫囵吞枣式地全盘接受他们的建议，当问题出现时，更不能指望他们能提供所有的解决方法，而是自己必须加以过滤及评估思考。若其中有些是好的想法，我也就要积极接纳；反之，若是不好的建议，我也得在钻研之后予以抛弃。

或许，我在博士班的成长之一便是逐渐学会将世界顶尖的专家看成是凡人，他们偶尔也会犯错，我可以与他们一同并肩探索未知。有这样的认知一方面固然令我有点恐惧，因为我从此无法再拿任何导师作为挡箭牌，来推脱自己的错误；但另一方面，这会令我感到自由，因为我不必再无条件地接受指导老师们所说的一切。博士学位象征着学术界认同一个人有自己的独创想法，可以有自信地捍卫他人对其思想的挑战，并据此想法对世界做出独特的贡献，因此，如果我要成为货真价实的博士，就必须对自己的思考有自信，并肩负起责任。

重生时刻，蓄势待发

现在，我的首要责任便是收拾这个自燃反应炉的烂摊子了。

我先列出了目前设计上的所有问题，以及我学到的一切。我开始思考，如何重新设计一个不会重蹈覆辙的反应炉。事后看来，原先的反应炉设计错误百出，这似乎是无法避免的结果，因为原来的模拟模板不够全面，无法预测所有可能产生的突发状况。如果在这过程中有一个我该汲取的教训，那就是不应该建造一部那么大的机器。我太想把它商业化了，所以一下子就建了一个半米宽的反应炉。结果不仅造价昂贵还很笨重，以至于每进行一次维修，都得花上至少半天时间。也因此，我的第二个反应炉的尺寸必须缩小一点。

不过，我目前已经没有研究资金了，无法重建一个新的反应炉。可是我搬回的零件并非都是无用的破铜烂铁，当中有很多昂贵的材料可以再利用。我把现有零件逐一陈列好之后，想出一个可以利用这些回收零件组成的新装置。我去机械工厂自行做了一些更改，造出一个简单的加热设备。

2016年1月初，我召集了史洛康教授、古奈教授、桑托什及梅根。我先检讨了这次测试的失败原因，然后与其他人讨论下一步该如何处理。我也展示了我用回收零件新组装的加热设备。后来，我们和史托纳教授讨论过后，塔塔中心同意提供一些额外资金，让我把加热设备扩建成可以进行炭化实验的系统。

刹那间，我仿佛得到重生一般，充满了希望。有了这一年左右研究资金的支持，我就有了另一次机会重新设计我的反应炉。如果设计成功，这个反应炉便有了新契机可以继续商业化。万一又失败了，我也不必指望会再有新的资金挹注。无论如何，我的内心此时此刻被一种无法解释的自信所充满，在过去的六年半里，MIT已经把所有能教我的都教了，在这最后的一年中，我可以整合我过去所学的一切，让自己闪耀发光。

第二十章
登高必自卑

2016年1月，在我的反应炉设计重获生机后，我便马不停蹄地飞往印度。

多年下来，我体悟到一个事实：因为我的反应炉设计对象是针对发展中国家的乡间百姓，每当我在MIT碰到研究上的困境或心有困惑时，回到印度的乡间，就等于是回到我工作目标的起点，置身现场，给我的思路及观点带来莫大的助益与启发。

古奈教授和桑托什在我测试失败之后给了几个方向。我对于古奈教授所提出的低氧炭化想法有点共鸣，因此想朝这个方向努力，设计出一个可行方案。

我先前的设计仍然太复杂了，因此强迫自己做更进一步的简化。最后，凭借着以前在肯尼亚制炭的直觉，我画出了一个我深信会成功的设计。

这个设计比我原先的设计更加简化。如果被北美或欧洲做制炭技术的同侪看到了，他们很可能会嗤之以鼻。那又如何？这些同侪的设计是针对美洲或欧洲大型企业的炭化需求所设计的，而我大概是目前唯一针对乡间需求来开发小型炭化设计的工程师了。因此我做出来的设计，只要我自己有信心可以符合发展中国家乡间的需求就行了。

在这趟印度的旅程中，我完成此次设计的剩余细节，然后传给美国的制造商去估价。以前花了整整一年的设计过程，在做过一次之后，第二次快了很多，才一个多月就完成了。

草创实验室

可是，我碰到了一个令我头痛的问题：我已经不再和新罕布什尔州的制造商合作了，反应炉建好之后，要在MIT的哪个地方进行测试呢？

指导教授的实验室那时正在施工装潢，根本没有多余的空间容纳我的反应炉，我必须想办法在MIT找个房间来打造自己的实验室。

去哪儿找这个房间呢？

"记得几年前，MIT有一组学生正在研发生物柴油。"朋友告诉我，"他们团队现在已经解散了。他们当初在测试柴油引擎时一定有个实验室，可以提供燃烧实验的抽风需求。你可以和他们谈谈吗？"

我上网去找了生物柴油社团，发现他们也是MIT全球挑战的获胜者之一。他们的网站已经过时，但我联络上其中一名成员。

"当初我们得到全球挑战的奖金之后，便向MIT申请了一个实验室来进行柴油引擎的测试。这个过程耗时好几个月，很令人头痛。"他也把我介绍给MIT的环境安全健康部门。

环境安全健康部门和我详谈后,便带我去看生物柴油社团那间空空如也的实验室。他们告诉我,这个实验室隶属于MIT的研究副总裁,他们无权给我这个空间的使用权。

最后,我直接写信给MIT的研究副总裁,请她允许我使用这个实验室。我的指导教授也和她洽商。经过几个月,我终于拿到这间实验室的钥匙。

由于我的反应炉会喷火,我也和MIT环境安全健康部门交涉了好几次。他们也规定这间实验室必须安装一些危险气体侦测器。

最后我发现,由于MIT的体制十分庞大,难免会存在一些官僚制度。例如,争取实验室的使用权,就让我头痛了好几个月。所幸,MIT的官僚系统不会极尽刁难,只要有适合的理由和目标,并且极具耐心地一次又一次解释,相关单位还是会理解并释放善意的。

最后测试成功达阵

3月时,制造商已经建造好了新设计的炭化炉。我把不同的零件带回MIT组装。这时梅根已经毕业,桑托什也去做其他研究,因此在未来的几个月内,只有我和机器在实验室里独自相处。

首先,我做了一个最简单的测试。我把木屑喂入反应炉,但是没点火。接着转动马达,让同样的木屑从另一头出来。

没想到这么简单的测试也出现了几个问题，于是我又花了一两个月的时间去修正。有时我觉得通过制造商去修改太慢、太贵了，便把反应炉零件拆下来，直接拿到MIT的机械厂房自己动手钻洞切割。光是这样的动作，一天可以来回好几次。连这个最简单的测试，也让我经过一二十次的修正才把问题解决。

接着，我前进到第二步：把木屑喂入反应炉，但是马达暂停。送入的只是被加热的氮气（不是空气）。氮气不像空气，它不会燃烧，可以通过它的热度来测试木屑炭化的过程，而不会有木屑自燃之虞。

我立刻又发现了一些问题。首先，现在的温度计无法测试那么高的温度，所以更换了一种新的温度计，同时也更换了撷取温度计数据的线路。后来我发现热源的温度不够高，不足以炭化反应炉底的木屑。为了这个加热装置，我又重新设计了两三次。

第三步和第二步一样，只是把马达打开了。炭化后的木屑慢慢地从出口跑出来。看到出来的炭化木屑没有像先前一样自燃时，我大大松了一口气。除此之外还有几个小缺失，我花了一星期去调整。

第四步和第三步一样，我小心翼翼地把氮气换成平常的空气。炭化反应稳定进行。

最后一步则是关掉热源，让木屑在没有任何外来能源下继续炭化。这一步也成功了，我的反应炉终于在2016年8月测试成功。

久违的骄傲感

之后,我改变马达的转速和空气流量,持续观察炭化环境有何不同。除了木屑,我同样测试了米糠和稻草。一开始,我不知道如何表达不同物质的重量、温度、固体成分等各类数据,因此桑托什和我花了好几周的时间,定义反应炉的一些重要功能指标。

举例来说,当工程师要设计一款新的飞机时,必须对这架飞机的性能进行不同的测试,飞行员才知道如何借由引擎转速、机翼角度等来控制飞机的性能及行为,才不会超过安全操作的范围。当我设计了新的反应炉,我也必须提供类似的数据,这样其他人才知道要如何操作并控制。

在这个过程中我发现,我需要不同的仪器来为炭化后的样本进行分析。因此,桑托什和我帮实验室添增了几个重要的测量仪器,包括热重分析器、热量计、气相层析质谱仪、磨碎机、压缩机等。几个月前还空空如也的实验室,没过多久就已经看起来非常专业。目前,只有几个数一数二的实验室可以测试生物质废料及固体燃料,过去MIT并没有自己的设备,因此每当我们的样本需要测试时,都要送到别的实验室和别人合作测试。

因为我的博士论文需求以及塔塔中心的资助,桑托什和我如今也帮MIT增加了这项新的测试功能。这几个月里,也有别的实验室有意和我们合作,送样本给我们测试。当来自埃及、印度、巴西等世界各地的访客拜访古奈教授时,常常是从这个实验室开始参观。

后来,我通过MIT雇用了两位大学生来协助我做实验。每当早上来到实验室，闻到反应炉微微的烧焦味，听到热重分析器帮浦的轻微呼呼声，看到那熟悉但有点凌乱的笔记本和样本散布在桌上时，我似乎重拾了刚进MIT的回忆，也就是走进生物实验室的惊艳感。七年后，我仍然无法置信，在这里，我是MIT的博士生，而这看似平凡的实验室正在做着非凡的研究！

除了那种惊艳悸动，我不禁有一种以前从来没有的骄傲感：这实验室的一切都是桑托什和我从零一手打造的！

欣赏了这一切之后，心里有个声音告诉我："你该毕业了。"

于是，我把初期的数据分析完毕，2016年11月初和我的论文委员会教授们碰面，并告诉他们我打算在2017年6月毕业。我设计的反应炉构想后来上了报纸，之后，与一些商学院同学合作的成果，得到了MIT清洁能源奖、MIT食品及农业创新奖、美国专利律师协会环球奖等。

步步为营的研究哲学

这是我的实验研究荣耀的时刻，也是我博士生涯的高峰。从我在2013年开始和古奈与史洛康教授以博士论文的方式研发制炭技术起，我常常想象着，当反应炉测试成功那精彩的一刹那，我的心情一定是百感交集！可是当我真的经历了这一切之后，事实并非如此。

我会这么想可能是当初我并不清楚如何达成目标（让反应炉测试成功）。因此，这个目标在我看来，就像是一个无法以寻常步骤达到的奇迹，必须拥有一种超然的信心突破或突发灵感，才能帮助我一蹴而成。

但一路走来，研发的过程本身并没有依靠信心突破或突发灵感，就只是按部就班、步步为营的科学测试。每一步都必须在我测试或修改到有自信没问题之后，才能继续前进，进而为反应炉奠定一个稳定的科学基础。如此一步步走来，我对于这次所设计的反应炉也愈来愈有信心了。

因此，当正式测试整个反应炉的最后一步到来时，我早已成竹在胸，终于大功告成时，我一点都不觉得惊讶，更别说百感交集了。这一天对于我而言，不过是自己步步为营的科学方法的最后验证而已。

话虽如此，整个过程也不是毫无感情的。经过几年的波折，在我即将拿到博士学位之际，我的内心没有丝毫优越感，我只感到一种深深的谦卑。这几年来，虽然我做出了一些基本贡献，但尚未探索的东西还有很多，而自己未知的似乎更多。就如史提夫学长多年前对我说的：我发现了宇宙是多么浩瀚、研究多么艰难，而自己又是多么渺小。探索未知犹如走在迷雾中，但偶尔云雾稍微散开之时，我短暂瞥见了宇宙的永恒及无限。在这大千世界里，一步步找寻并厘清这些非凡的宇宙定律，并开阔自己的视野，大概就是历代科学家的终极追求吧！

我的指导教授也是这样稳扎稳打，一步步获致今天的成就。当我毕业离开MIT后，学弟学妹也会这样循序渐进，走出自己的一片天。如果我有可以成为他们未来借鉴之处，就是全心实践"按部就班，步步为营"的研究哲学，不贪快也不抄小径，让他们得以少走冤枉路。

第二十一章
IHTFP

在MIT，有一句古老的、神秘的、众所皆知却又没人能确切定义的缩写字。它由I、H、T、F、P这五个英文字组成。每当有人问到这五个英文字究竟是什么意思时，学生们给出的答案也都各有不同，例如：

. I hate this fucking place.（我恨透了这糟糕的地方。）

. I heart this fantastic place.（我爱这个奇妙的地方。）

. I have truly found paradise.（我真的找到仙境了。）

. I have totally forgotten physics.（我完全把物理忘了。）

. I have to forever pay.（我得偿还一辈子。）

我在MIT的那几年，从未去厘清这五个字代表什么意思，因为我想，它们大概会随着诠释者当时对于MIT的心情、处境等因素，而有不同的解释吧。

在我漫长的博士研究过程中，上述五种情境我大概都经历过了。但就在毕业前一年，我有了另一种体会。当我晚上下班再次走过无限长廊回到宿舍时，长廊两旁贴满的海报依旧象征着无限的机会，但现在对我而言，它们似乎饱和了。

"有任何可以拯救世界的想法吗？欢迎申请MIT全球挑战竞赛。"我盯着一幅非常吸睛的海报瞧。是的，我已经以不同的创意主题参加过这项比赛六次了，还得了三次奖。这个资源已经被我用了好多次。

"MIT救护车队正在招揽新的救生员！"我的注意力转移到另一幅海报。没错，我从救护车队学到了很多，该是让新血体验的时候了。

"加入MIT乐团！"另一幅海报试着向我呐喊。虽然前面没机会讨论，不过我曾加入MIT乐团担任两年的键盘手，演奏了几首至今难以忘怀的曲子。那是一段非常开心的时光。可是和我一起演奏的乐团成员都已经毕业，我也不会再回去了。

还有许多其他形形色色的海报，上面写的是我在MIT这八年中从没尝试过的活动。有一些是我还是新生时就非常想参加的，只是这八年来始终无缘体验。几年前，我可能还会为此懊悔不已。如今毕业在即，我反而变得能够平心静气地接受这些错失的经验。

因为我了解，MIT可以提供的机会和方向实在太多了，犹如从消防栓中饮水一般，取之不竭。一开始，我本来有意朝每个方向都尝试一下，但光是应付课业和研究就够我忙了，而且即使全心投入了，似乎也没有什么具体的进展。几年过去了，我发现在MIT生存的秘诀不是囫囵吞枣，而是刻意选择几个足以激发我的好奇心和热忱的方向去探索，并在过程中细细品尝途中的一切，由此体会人生的真谛以及宇宙之美。至于无缘探索的方向，也不用念念不忘。

这些年来，我一直留在MIT继续我的博士研究，并没有中途辍学直接跑去肯尼亚创业，如同我的一位导师说过的，那是因为我觉得留在这里还有其他可能性，以及自我成长、学习的机会。而当充满这些可能性的好奇心转换成一种陈述的饱和感时，我心里自然有数，知道是我该离开MIT、迎向世界更大挑战的时刻了。

而当下我最大的挑战，莫过于我的博士论文。

晋身MIT新科博士

以前我就常听学长说起写博士论文的恐怖经历，尤其是很多人拖到最后一刻才开始抱佛脚，在几个星期内得挑灯夜战完成两百多页的论文。但是当我提起笔时，发现实情并没有他们说的那么可怕，因为我要陈述的是关于我自己的研究故事。当所有研究结果都按部就班、依序到位后，我的工作就只是把它们串联起来，为其逻辑性做最后一次检视。

除了论文，博士毕业还有另外一个要求：为自己的研究举办一个公开的答辩。我必须做一个一小时左右的简报，描述我的研究贡献。然后我的指导教授和听众会问我各种不同的问题。我把它安排在2017年5月中旬。

除了论文指导教授（古奈、史洛康等人）及实验室的同事，我也邀请了一些朋友及其他MIT学生社团活动的同学来捧场，总共来了二十多人。我的桌上放满了道具，有生物质废料的样本、炭化的样本，以及用来测试燃料的肯尼亚炉子。讲完之后，大家轮流发问，全都是我预料之内的问题。

可是这时，史洛康教授戏剧性地清了清他的喉咙，开口说："请你回到你的反应炉比较图上。我觉得这是错误的。"

我又和他解释了一次我对于这张图的诠释。

"据我所知，炭化通常是十分钟以上的过程。"史洛康接着问，"可是这张图你画了五分钟，甚至一分钟的过程。这怎么可能？"

"这是我是根据炭化十分钟以上的数据来外推的。"

"但这外推根本是错误的，因为你的反应炉根本无法在五分钟以下的过程中运作。"

"从理论上来说，炭化在温度够高的情况下，短短一分钟的过程确实就够了。所以虽然我的反应炉无法在此情况下运作来证明，但这不代表这外推是错误的。"

史洛康教授仍然执着地追问我那张图。我有点火大了。这张图我已经给你看过两三次了，为什么这些问题不在4月份最后一次论文委员会会议上或口试前提出？

我想继续和他争辩，以证明自己的能力。就在我要开口前，看着大家凝视我的目光，忽然念头一转：今天来看我口试的都是长年来支持我的导师、同事及朋友，每个人都希望我能成功，也没有人还会在此时此刻质疑我的研究能力。因此，继续争辩的目的何在？这样和史洛康教授争得面红耳赤，不仅大家看得不舒服，也耽误了大家宝贵的时间。

于是，从我口中说出的不是反驳，而是和解："您说的这点我了解，也记下来了。我呈交最后的论文时会把它更正。"

"你这次回答得很好，"史洛康教授马上接着说，"很多学生会继续争辩下去，不仅赢不了我这个令人头痛的老人，也会把自己已陷下去的洞愈挖愈深。"

结果这是我论文口试的最后一个问题，考的不是我的科学研究及思考实力，而是我为人处世的常识——退一步，即是海阔天空。之后，教授们一一和我握手，庆祝MIT最新出炉的博士。

苦中带甜，甜中带苦

散场后，我独自一人把教室的桌椅恢复原状。八年前，这间教室是我和二十位新生上第一堂课的地方，如今，这里也是我在MIT向大家做最后一次简报的地方。对我来说，这间教室具有起承转合的意义——八年前，它首次迎接我来到MIT，八年后，它要送我走上新的旅程。

从这六楼的教室窗户往外看去就是史塔特中心，八年来没什么改变。在初夏的蓝天之下，白色铁皮屋顶反射的阳光使我无法直视这栋建筑物，但仍可感受到它不受传统拘束的风格和魅力，犹如MIT灵魂的表现。

我站在空荡荡的教室里，试图假装自己是八年前那个早十分钟来听课的人，试图期盼我将认识的第一个同学及第一个教授的到来，试图期盼那对于未知的憧憬。

然而，第一个认识的同学在两年前已毕业回新加坡，第一个教授也已退休。八年来所有经历与成长的体验，顿时在我脑海中如排山倒海般涌现出来。

此时此刻，我终于了解IHTFP的真实含义了。过去我一直以为IHTFP是一个学生在爱和恨之间的摆荡，例如今天功课繁多，我超恨MIT的，但明天一考完，一切又是海阔天空。可是我发现，IHTFP的真实含义其实更加复杂，它代表的不是两种极端心情之间的摆荡，而是同时在心里共存，苦中带甜，甜中带苦。

既爱，又恨；既欢喜，又悲伤；既期望，又失落；既平静，又激动；既是天堂，又是地狱；既想赶快毕业离开，又千百般依依不舍。在这两极之中，唯一的常数就是无怨无悔。

历届的MIT学长姐在毕业前，都没有好好地把这个IHTFP的缩写向学弟妹们解释清楚，并不是他们不善于沟通，而是那种五味杂陈同时涌上心头的感觉，又怎能用三言两语道完呢？

放下比较，创造自己的故事

在我呈交了论文之后，毕业前几天，有位刚来斯隆商学院的一年级生写信表示想和我聊聊。我一开始以为他是对于Takachar有兴趣，想加入计划帮忙；在我当博士生时，已经面谈过至少二十位像他一样对一切都满怀憧憬的新生。因此我在陈述完Takachar之后，开始详细地问他的背景及志向。

可是他并没有兴趣深谈他自己。"我大学毕业后在银行业做了几年，现在想转到和环境维护有关的事业。"他说，"我的目的只是想听听你的故事，在MIT是如何办到的。"

因此那场谈话由他主导，他从我在MIT各种不同的探索开始问起，如何在无意中看到了制炭的机会，并如何利用MIT不同的资源达成自己的目标。我们谈了一个多小时，而他的问题也在我的脑海里大略地绘出了这本书的轮廓及整体架构。

"可是，每个人的道路都不同。"最后我对他说，"我建议你在MIT自行探索，创造你自己的故事。不要一味地追求与我或与他人比较的道路。"

"这个我当然知道。"他说，"可是你大概不了解，身在MIT这么高压以及有时令人茫然的环境中，聆听一个过来人的故事对我来说有着莫大的意义。"

这使我回想起我还是新生时崇拜彼得的感觉。其实那时我所渴望的，也是一个MIT过来人的故事。我想要知道来MIT的决定是对的，只要肯努力，也有可能像他一样成功。

然而在这八年里，不管我是否愿意，几乎没有任何一个脚步是和彼得同步的。最后我发现，那已经无所谓了，因为我觉得最终能令我满足的，是自己内在的学习与成长。我比较不在乎外来的认可。能在期刊上发表文章、在报纸上成名或得奖，虽然是对自己的一种认可，却不是我工作的最终目标。而当我经历了这一切之后，我可以想象，当初彼得看似成功，可是在他成功的背后必定有着比别人多了好几倍的努力。

在我进入了博士生的"中年危机"时，我把原先对彼得的崇拜，转换为我对于学术界外现实世界的憧憬。以前曾有人调侃我，说我的青春岁月有这么多年一直在当学生，从来没有体验现实人生的精彩生活。当时我对于看似没有尽头的研究之路感到深深的彷徨，只想赶快毕业，在青春结束前进入现实世界去体验人生百态。那时的我还同时在进修斯隆商学院的课程，想借此机会吸收少许的"现实人生"。

手脑并用的教育观

以前我一直以为，学术界和现实世界是脱节的。但这并不是我所知道的MIT。MIT的座右铭是"Mens et manus"（手脑并用），其校徽代表的是工匠及哲学家的并用。因此MIT本身的核心文化就是结合严格的科学教育与现实的应用。不管是去乌干达修理汲水机、在救护车上设计省油系统，或是通过各种渠道以及人脉创业，MIT始终帮助我脚踏实地地做事，也大大提高了我对于MIT之外的大千世界与现实人生的认知。

对我来说，这就是MIT教育的精华。因为，世界上有很多重要的事物是无法通过教科书或授课来弄清楚的，而必须通过现实人生来厘清。例如我一开始进入MIT时，十分没有自信，觉得自己是一个毫无工程或创新经验的"冒牌货"，能够申请上只是侥幸。我看了别人在MIT打造的奇迹，既嫉妒又羡慕，觉得那些奇迹永远是在自己的能力以外。

在MIT的八年，我发现自己并没有当初所想象得那么笨拙或无能。对于自己的不足之处，MIT会充分介绍其他专才与我合作、帮助我，最后我也创造了个人的奇迹。在我即将离开MIT的现下，我对于现实世界的多变不再惶恐，而是自信。虽然我仍有许多的不足，但是我了解如何通过自己或他人来截长补短，也能独立地面对各种不同的机会和挑战。

例如，我刚进入MIT时十分害怕失败。对我来说，失败是一种耻辱，表示我不够好。看到别人偶然的失败，有时我也会替他们感到脸红。在MIT的八年，我发现失败对于创新和创业来说是家常便饭。有时我通过失败，学到的比成功的经验还多。当然，没有人会想刻意失败。如果不幸失败了，那就学会如何剖析，甚至分享，让自己和别人不再重蹈覆辙。因此在离开MIT之际，我深信人生是一种经验累积的过程，成功也好，失败也好，都无法完全为一个人的身价定位。继续接受挑战、学习、转变，并发掘所有可能的潜力，这才是最终的目标。

我刚进入MIT时十分懵懂，也不知道自己想要什么。有时候什么都不想要，只想要一份安逸的收入，平平凡凡地度过一生。但在MIT的八年，我发现了人生使命的意义。安逸的一生并不是一个糟糕的选择，但是在没有面对别的人生机会、做广泛的探索及思考之前，无权说这是人生的唯一目标。在MIT给我的各式机会探索中，我偶然发掘到了激起热情的人生使命。因此在离开MIT之际，我理解了什么是渴望及热爱，也理解了它们在世界上长存的意义。

我刚进入MIT时并不会领导别人。当我有了下属时，我时常把最繁琐无聊的事交给他们去做，以便减少自己的负担。每当事情出差错时，我也是最常推卸责任的领导人，把错误全部怪罪给下属。而在MIT的八年，我发现每个人都有自己的使命。领导属下，是以鼓励来发挥下属与自己的潜能。当我在救护车队做义工以及后来测试反应炉时，发现要勇于承担责任、倾听大家的意见、不断地改掉缺点，才是个有影响力的领导者。因此离开MIT后，每当我要雇用人，我首先会考虑的不单单是别人可以为我做什么，而是他们的生涯目标是什么，以及我提供的职缺是否能帮助他们达成自己的使命。

我周边有很多人以为，能去MIT读书的人一定都是满腹才华，是天生的发明家或数理天才。才华虽然有帮助，但最终只是在MIT受教育时所需要的一小部分。如同博士班的一位同事常常挖苦自己和别人，说："能成功地在MIT这么艰难漫长的博士班毕业的，不是靠聪明，而是这个人太笨了；聪明的人早就放弃不干了。"聪明也好，笨也好，只要怀有好奇心，拥有不怕失败的韧性，以及带有些许的理想主义，那么MIT所给予的一切教育就可以是无与伦比的壮观且令人惊艳。

结语
全新的开始

在毕业典礼后的那晚,我做了一个梦。

梦中,我坐在生物工程系的教室里,一位白发苍苍但面目可亲的教授要给我们做博士资格考试。拿到了考卷,发现里面有三个题目,都是生物实验的设计问题。我已经好几年没弄生物实验了,因此非常生疏,感到十分惶恐不安。想了许久,试卷仍是空白。

这时教授走到我的身边,问我不是已经毕业了。

我想了想,的确如此。因此我站了起来,把他当成老朋友般聊起天来。考试瞬间变得不重要了。

必经的"死亡之谷"

梦醒之后,我在接近黎明时分的学生宿舍里,看到房间里椅子上挂着借来的博士袍,我松了一口气。但心中也有几分失落感……我不再是学生了,没有功课或考试的压力了。而在广大的现实世界里,我要何去何从,日后只能靠自己。

首先，我需要暂时从这个炭化的案子中抽身，好好休假三个月。我先花了一个半月的时间，趁着记忆犹新时写完本书的第一稿。在2017年8月，我和新婚妻子去了瑞士及奥地利度蜜月。9月，我又回到MIT。塔塔中心雇我做几个月的博士后研究，希望我能为这个科技的商业化做更深入的厘清。

我发现，我的研发最重要的创新及贡献，是设计了一个小型、便携式、低价的连续式反应炉，可以放在拖拉机或驴车后面，甚至安装在货车厢里面，载到不同的乡间农田上，就地炭化农作废物。目前，乡间的农作废物非常难以处置，因为这些废物分布广泛，光是运费就极为可观。据我所知，世界上现在能量产的炭化反应炉都十分庞大且昂贵，无法适用于乡间的废物。因此，目前我正在研发的是一种独一无二的可便利携带式设计。

在我毕业两个月后，我收到印度一家公司的来信。他们表示，印度首都德里这几个月的雾霾十分严重，有时连飞机都得停飞。他们说，农民烧稻秆之类的废物是造成这波雾霾的原因之一。他们在报纸上读了我的研究之后，期盼我所研发的反应炉能在德里附近运作，帮助当地稻农把他们的废物炭化，因而减少焚烧稻秆所带来的环境污染。

另外一家农业工具公司也来信，想把我们的科技结合在他们的拖拉机上，以便帮助农民收成之时，亦可同时回收农田上的废物。

同时，有些非洲及亚洲的农业加工厂也向我咨询，认为这个炭化反应炉可以为他们农民的农作废物带来额外的收入。

以前我在肯尼亚和印度结交了一些小型固体燃料公司的朋友，其中很多人至今仍对我的反应炉"垂涎三尺"；他们现在炭化的过程仍十分倚赖人力，导致无法量产。而我的反应炉可以帮助他们达成量产的需求，并且提升燃料质量，降低制造成本。

因此，我持续收到各种不同的询问。这对我来说，也印证了这项科技有其市场需求。可是面对环境污染、农作废物、燃料昂贵等诸多问题，我也感受到一种无形的压力，想要赶快努力找到解决这些问题的方法。

目前我们的反应炉模型尺寸仍然非常小（直径约十厘米），每小时只能炭化最多两千克的废物；在现实世界里，一个反应炉应该要有至少数百倍的容量（约每小时几百千克的产能）。因此我的首要任务，就是把实验室的模型以倍数扩大化。若再次测试成功，则再做一次倍数的扩大，才会有商业销售的价值。在扩大化的过程中，我预料到会有其他设计上的困难及风险。但是完成博士研究后，我也变得更有自信，相信自己有能力面对这些挑战。

但扩大化的过程至少需要几年时间，而这项科技已经走出了学术界，不能无止境地在MIT孵化。于是我开始向外界募资。很多投资者听到我做的是艰辛且漫长的能源企业，而不是一两年内就能迅速获利的软件公司，大多望而却步。不知不觉地，我已经来到了很多能源企业必经的"死亡之谷"，这是科技已经完成基础研究、学术界不再继续支持，却还存在着投资者无法接受的风险，因而卡在进退维谷的窘境中。

结语　全新的开始

人生的下一步路

这时，朋友推荐我去申请加州柏克莱国家能源实验室（Lawrence Berkeley Laboratory）的Cyclotron Road计划，美国能源部每年会拨出资金，资助早期能源公司跨过这"死亡之谷"。该计划提供申请者两年的薪水和一些研究经费，以及和柏克莱实验室或加州大学柏克莱分校研究合作的机会。

由于我的研究项目是在印度或肯尼亚之类的发展中国家进行，一开始我抱着存疑的态度，认为我的研究项目不会受到美国能源部的青睐，但我仍然寄出了申请书。一开始，Cyclotron Road的评审也不认为我的公司符合他们的条件，或许是看在我毕业于MIT的份上，仍邀请我去面谈。

在面谈过程中，我遇见很多在美国能源界顶尖的专业人才。置身在他们当中，我感到自己有些笨拙。我也从和他们的谈话中发现，若是我的小型科技能先在发达国家成功商业化，其实还是可以再继续扩大化的，并且适用于北美或欧洲的大型再生能源、生物燃料、化学合成等企业。这是我以前从未考虑过的。我也参观了柏克莱实验室及加州大学柏克莱分校，和里面的研究员谈了一些合作计划。

面谈结束后，我变得很渴望能参加Cyclotron Road的计划。可是有那么多顶尖人才激烈竞争，我完全没信心会被录取。

因此在2018年3月，当收到录取的电话通知时，我简直不可置信。一方面是美梦成真，另一方面又犹如当初收到MIT的录取函时的质疑：他们会不会选错人了？

但我这几年在MIT学到的是，倘若真的选错人，那是他们的问题，不是我的。我只要善用一切资源、做好自己分内的事，便问心无愧了。

因此，在本书问世之时，我也要开始我人生的下一步，未来两年将在柏克莱国家能源实验室、印度、肯尼亚等地继续为我的科技商业化努力。而同时，若有必要，与MIT老同事的合作之门也是敞开的。最终，若是能成功，我也深自期盼，这项科技未来能造福美国以及其他发达国家的再生能源业。

若这一切能够美梦成真，我的公司将会量产这种反应炉，提供给偏远的乡间使用，也提供给当地居民将废料利用炭化的过程转换成现金的方法。而这家公司的名字是什么呢？仍是Takachar。Takachar是当初在肯尼亚要实现我创业梦想的公司名称。Taka是垃圾的意思，代表我们最初的史瓦希利根源；而char是英文的炭，代表我在MIT八年间所接受的不可思议的教育，也是我公司的灵魂。

致谢

对我来说，这本书是心灵上的旅程。

首先我要感谢所有MIT的朋友、同事、导师造就了这段奇特的教育经验，以及能成全这本书的多元化材料。这八年来，我在MIT体验到很多，只可惜能写进本书里的只是其中一小部分。记得起稿时，我本来有很大的野心，想写入更多研究过程、教书经验、课余的社团活动、朋友之间的互动以及日常生活等，但最后以长度及故事的代表性为考量而忍痛割舍。对于没能纳入书中的互动，其实对我的人生及教育发展也是相当具有指标性的。

其次，我要感谢家人及内人给予的支持。虽然有时他们对于我看似龟速的研究进展感到焦急，最后还是很有耐心且理解地鼓励我走到博士之路的终点。开始写本书时，他们也以犀利及务实眼光提供很多思路、语法及架构的建议。因为他们，我才能走到今天这一步。

本书的起始是我和几个朋友或同事间的谈话，包括郑涵睿、田岳衢、牛胜雍、盛怡桦、张焕基及卢子轩。我十分感谢他们在繁忙中抽空和我聊天，并给了高层次的建议。

焕基也通过张宛瑜小姐把我介绍给了远流出版公司的卢珮如编辑、陈懿文副主编及王明雪总编，没有他们多次的往返讨论与督促，我想这本书大概久久不会问世。谢谢他们。